U0630961

水利工程信息化建设

宋西文　李毅男　姚　瑞　主编

汕头大学出版社

图书在版编目（CIP）数据

水利工程信息化建设 / 宋西文，李毅男，姚瑞主编.
汕头 ：汕头大学出版社，2024. 12. -- ISBN 978-7
-5658-5514-6

Ⅰ．TV6-39

中国国家版本馆CIP数据核字第202522TT94号

水利工程信息化建设
SHUILI GONGCHENG XINXIHUA JIANSHE

主　　编：宋西文　李毅男　姚　瑞
责任编辑：郑舜钦
责任技编：黄东生
封面设计：刘梦杏
出版发行：汕头大学出版社
　　　　　广东省汕头市大学路 243 号汕头大学校园内　　邮政编码：515063
电　　话：0754-82904613
印　　刷：廊坊市海涛印刷有限公司
开　　本：710mm×1000mm 1/16
印　　张：11.5
字　　数：195 千字
版　　次：2024 年 12 月第 1 版
印　　次：2025 年 2 月第 1 次印刷
定　　价：68.00 元
ISBN 978-7-5658-5514-6

编委会

Preface　前言

　　众所周知，水利工程是一项复杂的系统工程。水利工程门类多，如水库工程、堤防工程、闸门工程、调水工程等；建设周期长，一般的水利工程建设期需要10余年；水利工程参与单位众多，包括设计单位、监理单位、建设单位、管理单位等。对于水利工程而言，影响其运行安全与效益发挥最大的是水利工程建设施工质量。因此，如何加强水利工程信息化建设是水利工程施工质量及工程运行安全的重要保证。

　　具体来讲，水利工程信息化就是充分利用现代信息技术开发和利用水利信息资源，包括水利信息的采集、传输、存储、处理，以及对水利模型的分析和计算，从而提高水利信息资源的应用水平和共享程度，以及水利建设和水事处理的效率和效能。长期的水利实践证明，完全依靠工程措施不可能有效解决当前复杂的水利问题。广泛应用现代信息技术，充分开发水利信息资源，拓展水利信息化的深度和广度，工程措施与非工程措施并重是实现水利现代化的必然选择。以水利信息化带动水利现代化，以水利现代化促进水利信息化，增加水利的科技含量，降低水利的资源消耗，提高水利的整体效益是21世纪水利发展的必由之路。

　　国内水电站建设突飞猛进，水电站设备自动化技术也发生了巨大变化，计算机技术已广泛应用于水电站设备自动化的各个系统。如控制设备从最初的继电器到单片机，再到如今的可编程控制器及计算机；继电保护也从继电器到集成电路，再到微机型保护设备等。以上设备的更新换代不但提高了水利工程的自动化水平，而且使水电厂实现无人值班（少人值守）目标成为可能。同时，随着近年来数字水利大数据与数字孪生技术的兴起，水利信息自动化、水利设备自动化将越来越成熟。

　　本书以水利工程信息化建设为主线，对水利工程进行了系统化的论述，包括水利工程信息化建设、水利工程建设管理信息化技术、水利工程综合自动化等，进一步对水利工程安全监测信息化进行深入的分析与探讨，多维度地探讨研究了水利工程航空摄影测量、水利工程遥感监测技术与应用。

限于作者知识水平、经验不足和成稿仓促，书中难免有不妥、疏漏和错误之处，恳请读者批评指正。

Contents 目录

第一章　水利工程信息化建设概论

第一节　水利信息化建设的必要性

一、概述

水利信息化可以提高信息采集、传输的时效性和自动化水平，是水利现代化的基础和重要标志。水利信息化建设要在国家信息化建设方针的指导下进行，要适应水利为全面建设小康社会服务的新形势，以提高水利管理与服务水平为目标，以推进水利行政管理和服务电子化、开发利用水利信息资源为中心内容，立足应用，着眼发展，务实创新，服务社会，保障水利事业的可持续发展。水利信息化的首要任务是在全国水利业务中广泛应用现代信息技术，建设水利信息基础设施，解决水利信息资源不足和有限资源共享困难等突出问题，提高防汛减灾、水资源优化配置、水利工程建设管理、水土保持、水质监测、农村水利水电和水利政务等水利业务中信息技术应用的整体水平。

二、水利信息化建设的必要性

（一）由水引发的问题

1. 洪涝灾害

我国是一个洪涝灾害频繁的国家。近年来，虽然国家加大了对防洪工程建设的投入，但是每年洪涝灾害造成的直接经济损失仍然比较严重，同等量级洪水造成的损失呈增加的趋势，洪涝灾害每年都造成数千人员死亡。当前，我国大江大河防洪体系还不完善，控制性工程不足，一些在建工程没有发挥效能。蓄滞洪区安全建设滞后，运用难度大。中小河流的防洪标准仍然很低，病险堤防、涵闸和水库的数量仍然很大，防洪工程抗御洪水的能力仍然有限。

此外，非工程措施建设严重滞后，信息不通，基础设施严重不足。有的防汛指挥部门没有配备传真机、计算机、打印机等必要设备，甚至有的基层防汛指挥部门的工作人员不会操作计算机，不会使用防汛相关软件，存在信息采集与报送不及时、重点不突出、程序不规范等问题，整体抗御洪水灾害的能力与国民经济的发展不相适应。

2. 水资源短缺

随着人口的增长、经济的高速发展和社会的不断进步，水资源短缺的形势日益严峻，旱灾发生的频率、范围和影响领域不断扩大，其造成的损失也越来越大。

3. 水土流失严重

严重的水土流失导致土地生产力下降，洪涝干旱灾害加剧，生态环境恶化，沙尘暴频繁发生，江河湖库淤积严重，对国民经济、社会发展和人民生活造成严重影响。

4. 水污染加剧

许多工业废水未经处理直接排入江河湖库，远远超过天然水体的自净能力，导致天然水体大范围污染，严重破坏了生态环境，不但造成巨大的经济损失，而且引起的环境破坏难以恢复。洪涝灾害、干旱缺水、水土流失和水污染四大问题远没有解决，每年带来的损失越来越巨大，已经严重影响社会主义现代化建设目标的实现。面对严峻形势，水利部门需要全面提高效率与能力，需要与国民经济和社会发展相适应，需要用水利信息化来带动水利现代化。

（二）水利信息化是治水观念的创新

水利信息化是国民经济和社会信息化的重要组成部分。国民经济各部门是一个相互联系的有机整体。国民经济和社会信息化程度取决于各部门和社会各方面信息化的程度。推进国民经济和社会信息化，必须在国家信息化整体规划的指导下，统筹安排，分部门实施，社会各方面联动。水利作为国民经济和社会的基础设施，不但水利事业要超前发展，而且水利信息化要优先发展、适度超前。这既是国民经济和社会信息化建设的大势所趋，也是水利事业自身发展的迫切需要。一方面，在国民经济各部门中，水利是一个信息密集型行业，为保障经济社会发展，水利部门要向各级政府、相关行业及社会各方面及时提供大量的水利信息。例如，水资源、水环境和水工程的信息，洪涝干旱的灾情信息，防灾减灾的预测和对策信息等。另一方面，水利建设发展离不开相关行业的信息支持。例如，流域、区域社会经济信息，生态环境信息，气候气象信息，地球物理信息，以及地质灾害信息等。因此，水利行业必须加快水利信息化建设步伐，在国民经济和社会信息化建设中发挥应有的作用，这是对治水观念的创新要求。

(三) 水利信息化带来的效益

有效地利用政府内部和外部资源，提高资源的利用效率，对改进政府职能、实现资源共享和降低行政管理成本具有十分重要的意义。水利信息化可以把一定区域乃至全国的水利行政机关连接在一起，真正实现信息、知识、人力以及创新的方法、管理制度、管理方式、管理理念等各种资源的共享，提高包括信息资源在内的各种资源利用的效率。

此外，水利信息化还可以大大降低政府的行政管理成本。在电子网络政府状态下，由于行政系统内部办公自动化技术的普遍运用，大量以传统作业模式完成的行政工作可以在一种全新的网络环境下进行，从而有效降低行政管理成本。

第二节　水利信息化建设的规划和任务

一、水利信息化建设的总体规划

水利信息化是一项庞大而系统的工程，不能一蹴而就，需要我们有统一的指导思想，要做到统一规划，各负其责；平台公用，资源共享；以点带面，分步实施。我国水利工程信息化建设的近期目标如下：从现在起用5年左右的时间基本建成覆盖全国水利系统的水利信息网络；全面开发水利信息资源，建成和完善一批水利基础数据库；健全管理体制，形成法规、标准规范和安全体系框架；全面提供准确、及时、有效的水利信息服务；建立水利工程信息化教育培训体系；重点建成六大应用系统，并部署实施其他应用系统。应从两个方面来考虑水利信息化的发展思路：首先，要与国家信息化建设的方针和原则相一致，以保证水利信息化建设的统一性；其次，要符合信息化技术的发展趋势，以保证技术的先进性。水利信息化发展的总体思路是开发和利用各种水利信息资源，建设和完善水利工程信息化网络，推进电子信息技术的应用，加快办公自动化的进程，培养信息化人才，制定和完善水利工程信息化的政策和技术标准，不断构筑和完善水利工程信息化体系。

二、水利信息化建设的主要任务

(一) 国家水利基础信息系统工程的建设

水利基础信息系统工程的建设包括国家防汛指挥系统工程、国家水质监测评价信息系统工程、全国水土保持监测与管理信息系统、国家水资源管理决策支持系统等。这些基础信息系统工程包括分布在全国的相关信息采集、信息传输、信息处理和决策支持等分系统建设。其中已经开始实施的国家防汛指挥系统工程除了近三分之一的投资用于防汛抗旱基础信息的采集外，作为水利信息化的龙头工程，还将投入大量资金建设覆盖全国的水利通信和计算机网络系统，为各基础信息系统工程的资料传输提供具有一定带宽的信息高速公路。

(二) 基础数据库建设

数据库建设是信息化的基础工作，水利专业数据库是国家重要的基础性公共信息资源的一部分。水利基础数据库的建设涵盖国家防汛指挥系统综合数据库，其中包含实时水雨情库、工程数据库、社会经济数据库、工程图形库、动态影像库、历史大洪水数据库、方法库、超文本库和历史热带气旋9个数据库，以及国家水文数据库、全国水资源数据库、水质数据库、水土保持数据库、水利工程数据库、水利经济数据库、水利科技信息库、法规数据库、水利文献专题数据库和水利人才数据库等。

上述数据库及应用系统的建设能够在很大程度上提高水利部的业务和管理水平。信息化的建设任务除上述内容外，还要重视以下三方面工作：

第一，切实做好水利信息化的发展规划和近期计划，规划既要满足水利整体发展规划的要求，又要充分考虑信息化工作的发展需要；既要考虑长远规划，又要照顾近期计划。

第二，重视人才培养，建立水利信息化教育培训体系，培养和造就一批水利信息化技术和管理人才。

第三，建立健全信息化管理体制，完善信息化有关法规、技术标准规范和安全体系框架。

(三) 综合管理信息系统设计

水利综合管理信息系统主要包括水利工程建设与管理信息系统、水利政务信息系统、办公自动化系统、政府上网工程和水利信息公众服务系统建设、水利规划设计信息管理系统、水利经济信息服务系统、水利人才管理信息系统、文献信息查询系统。

第三节　水利信息化建设的现状

一、水利信息化建设所取得的成绩

(一) 信息采集

在水利信息采集方面，全国水利系统的水位监测数据采集实现了数字化长期自动记录，而流量和其他要素的自动测验方面也在进行积极探索。部分重点防汛地区建成了水文信息自动采集系统，工情、旱情、灾情、水资源、用水节水、水质、水土保持、工程建设管理、农村水利水电、水利移民、规划设计和行政资源等信息采集也具有一定手段。航空航天遥感、全球定位等技术在部分业务中得到应用。但从整体上看，信息采集系统不健全、不配套，直接通过数字化手段进行采集的信息要素类型较少，时间、空间、采集频度和精度与水利各项工作的整体需求不相适应，数字化的信息量占水利信息总量的比例严重偏低。

(二) 计算机网络与信息传输

目前在计算机网络与信息传输方面，从水利部到各流域机构和各省（自治区、直辖市）水文部门之间初步形成了基于中国分组交换网的全国实时水情计算机广域网，能进行实时水情信息传输；部分重点防洪省（自治区、直辖市）已初步实现了水雨情信息传输网络化、接收处理自动化和信息管理数字化，提供水雨情信息服务的水平与能力有了一定改善。水利部机关、流域机构、多数省级水行政主管部门内部已初步实现以网上公文流转为主要内容的办公自动化。水利部、流域机构与省（自治区、直辖市）间的联网办公也在积极推进中，部分单位之间已经实现了远程文件传输、公文和档案的联机管理等。但从整体上看，现有网络覆盖面窄，传输能力低，远远不能满足水利业务的需求。从采集点到计算机网络基层节点之间缺乏有效的信息传输手段，制约了信息技术应用整体水平的提高。

(三) 数据库

在全国范围内，80% 以上的历史水文整编资料已经入库，能够初步对外提供查询服务。国家级水利政策法规数据库初步建成，也已提供社会公众服务。

其他在建数据库如下：

第一，综合性数据库。主要包括人事劳动、计划财务、水资源公报信息、灌区信息、水土保持、重点工程档案和文献等。

第二，水利水电工程建设专业数据库。主要包括各类水工建筑物、环境影响及对策、跨流域调水、施工技术、工程监理适用规范等。

第三，灾害监测与评估专业数据库。主要包括历史洪水、洪水风险、洪水仿真、滩区蓄滞洪区、水体光谱标准、遥感监测图像等。

虽然数据库建设已涉及相当多的水利业务，但这些已建或在建的数据库模式多样、标准化程度低、存储数据难以同化、安全与更新机制缺乏、技术水平差距明显，难以实现信息共享。

二、当前水利信息化的主要问题

虽然在水利业务中广泛应用现代信息技术、开发以信息资源为特征的水利信息化建设已经起步，但进展比较缓慢，各级水利行政主管部门、各水利业务领域的发展也很不平衡，覆盖全国的水利信息网络尚未形成。对照国民经济信息化的发展要求，当前水利信息化存在的问题主要表现在以下几个方面：

(一) 信息资源不足

水利工作管理要面对洪涝、干旱及水污染灾害的防范、水资源调配、水土保持以及水环境监测四大主题，所需支撑信息在内容上涉及面广，信息采集的时空间隔、数据类型、数据精度、交换格式与表达方式具有多样化特征。

多年来，尽管水行政主管部门做了大量的基础性工作，积累了一些基本观测资料，初步建设了一些基础数据库，但涉及减灾决策、水资源优化配置和水利建设管理等众多急需的相关基础信息资源建设极不完善，如服务多层次业务需求的空间数据、水资源调度、工程现状与工程规划设计及其他各专业数据库的建设尚未全面启动。

信息资源不足主要表现为时效较差、种类不全、内容不丰富、基准不同、时空搭配不合理等，特别是信息的数字化和规范化程度过低，更加重了信息资源开发利用的难度。

此外，信息的规范化和数字化程度过低。从水利系统自身的角度来看，一是动态信息采集环节薄弱，二是信息积累未能全面规范化，有许多宝贵的原始观测记录、历史文档、规划与设计等资料因年代久远，未能得到妥善保护而损毁或散失，造成信息损失。与相关行业的信息交流受信息交换机制的制约，要么获取困难，要么因业务侧重点不同，所获得的信息不完全符合其他水利业务应用的要求。

(二) 信息共享困难

可重用性与共享性是信息资源价值优势的突出体现，共享是充分开发和广泛利用信息资源的基础。由于水利信息化处于起步阶段，各种信息基础设施与共享机制仍不配套，导致有限的信息资源共享困难。主要表现在以下几个方面：

1.服务目标单一，导致条块分割

目前在水利系统结合各项业务应用目标，开发建设了一些专用数据库及相应的应用软件，但由于各自的技术水平、任务来源和资金渠道不同，这些数据库及其应用大多分散地建设在各个地区和不同业务部门，呈现条块分割的特征，形成以地域、专业、部门等为边界的信息孤岛。各数据库之间不仅缺乏信息共享机制与手段，而且有些内容相互重复甚至相互矛盾。许多数据库为解决特定研究或业务应用而建，服务目标单一、相关文档不全，不仅给后续扩展和改造增加了困难，更难以被其他系统调用和共享。受各方面条件的限制，许多数据库不具备持续运行的条件，难以向外界用户提供服务。

2.标准规范不全，形成数字鸿沟

水利信息标准规范尚需进一步健全，行业内大多数数据库与具体业务处理紧密绑定，服务目标单一。多数已建数据库规范性较差，对数据库文档普遍不重视，导致数据库只能在有限范围、有限时段内由少数人员熟悉使用。在共享环境中，这些数据库内的信息内容很难被理解，其价值无法判断，在客观上形成了难以逾越的数字鸿沟。

3.共享机制缺乏，产生信息壁垒

由于以信息共享政策法规为主体的信息共享机制还未建立，社会公益与市场化服务界限不清，信息服务合理补偿机制尚未形成，导致信息资源的占有者希望共享其他占有者的信息资源，却不愿意将自己所拥有的信息资源提供共享，单向的共享愿望形成事实上的信息壁垒。

4.基础设施不足，阻碍信息交流

在当前水利行业网络系统等软硬件基础设施很不完善的条件下，难以构成有效的信息资源共享技术支撑环境，导致信息交流的通道不畅、能力不足、效率不高，安全没有保障，阻碍了信息资源的共享。

(三) 应用基础薄弱

信息开发与应用的基础是信息的共享与水利业务处理的数字化，除因信息资源限制导致的应用水平低外，对信息技术在水利业务应用的研究不充分、大多数水利业务数学模型还难以对实际状况做出科学的模拟。各级水利业务部门低水平重复开发的应用软件功能单一、系统性差、标准化程度低，信息资源开发利用层次低、成本高、维护困难，不能形成全局性高效、高水平、易维护的应用软件资源。

第四节　水文信息监测现状

一、技术的发展

(一) 初期阶段 (20世纪初期至中期)

水文监测主要依赖传统的物理测量工具，如水位尺、流速仪等，数据记录多采用手工方式，效率低下且容易出错。

(二) 电子技术引入阶段 (20世纪后期)

随着电子技术的发展，水位、流速、降雨量等水文参数开始通过电子传感器进行自动采集，大大提高了数据采集的效率和准确性。

卫星遥感技术开始被引入水文监测领域，用于大范围的地面观测和水体监测。

(三) 数字化与网络化阶段 (21世纪初期)

水文监测数据开始实现数字化管理，通过计算机网络进行实时传输和共享。GIS (地理信息系统) 和 GPS (全球定位系统) 技术被广泛应用于水文监测和数据分析中，提高了监测的精准度和效率。

(四) 智能化与自动化阶段 (2010 – 2022年)

随着物联网、大数据、云计算等技术的发展，水文监测系统逐步实现智能化和自动化。

无人机、无人船等新型监测设备被应用于水文监测领域，进一步提高了监测的灵活性和覆盖范围。

人工智能和机器学习技术开始被应用于水文数据处理和分析中，为水资源的科学管理和决策提供了有力支持。

(五)2023 年至今

水文监测系统已经高度集成化、智能化，能够实现实时、准确、全面的水文信息监测。

卫星遥感、无人机、物联网等技术的综合应用，使得水文监测更加高效、便捷。

二、现如今监测技术应用存在的问题

（1）数据质量问题。由于传感器误差、传输过程中的数据丢失或失真等原因，导致部分监测数据质量不高。

（2）系统兼容性问题。不同监测设备和系统之间的数据格式、通信协议等存在差异，导致数据共享和交换困难。

（3）监测站点覆盖不足。部分偏远地区或复杂地形区域仍存在监测站点不足的问题，导致监测数据不够全面。

（4）数据分析能力有限。虽然数据量庞大，但数据分析能力和应用水平仍有待提高，无法充分发挥数据的价值。

三、解决措施

（1）加强质量控制。对监测设备进行定期校准和维护，确保数据的准确性和可靠性；同时加强数据传输过程中的加密和校验机制，减少数据丢失或失真。

（2）推进标准化建设。制定统一的数据格式、通信协议等标准规范，促进不同监测设备和系统之间的数据共享和交换。

（3）优化站点布局。根据实际需要和地形条件，合理规划和优化监测站点布局，提高监测数据的全面性和代表性。

（4）提升数据分析能力。加强数据分析技术的研发和应用，利用大数据、人工智能等技术手段对海量数据进行深度挖掘和分析，为水资源的科学管理

和决策提供有力支持。

四、水文信息监测的发展方向

（1）智能化与自动化。继续推进物联网、人工智能等技术在水文监测领域的应用，实现水文监测系统的智能化和自动化。

（2）集成化与综合化。将不同监测设备和系统进行集成和融合，构建综合性的水文监测网络体系，提高监测数据的全面性和准确性。

（3）精细化与个性化。根据不同区域和用户的实际需求，开展精细化和个性化的水文监测服务，提高服务的针对性和实效性。

（4）国际合作与交流。加强国际合作与交流，借鉴国际先进经验和技术成果，共同推动全球水文监测事业的发展。

第五节　水文信息技术支持与信息化建设

一、水文信息技术支持与应用

（一）水文信息技术支持

近年来，水文信息技术取得了显著发展，主要包括以下几个方面：

（1）遥感技术。遥感技术在水文水资源领域的应用越来越广泛，通过卫星遥感可以实时监测水体的面积、水位、水质等参数，为水资源管理提供重要的数据支持。

（2）地理信息系统（GIS）。GIS 技术在水文水资源领域的应用主要体现在空间数据的获取、处理、分析和可视化等方面，实现对水文数据的空间分布和变化趋势的直观展示。

（3）全球定位系统（GPS）。GPS 技术在水文水资源领域的应用主要集中在水文监测站的建设和水下地形测量等方面，实现对水体位置和形态的精确测量。

（4）物联网技术。物联网技术通过在水文监测设备中嵌入传感器和通信模块，实现水文数据的自动采集和传输，提高了数据获取的实时性和准确性。

（二）水文信息技术的应用

（1）水文监测。利用遥感、GIS、GPS 和物联网等技术，实现对水文参数的实时监测和自动采集，提高了水文监测的准确性和效率。

（2）水资源管理。通过水文信息技术，实现对水资源数据的整合和分析，为水资源规划、配置、调度和节约提供科学依据。

（3）水灾害预警。利用遥感技术可以实时监测洪涝、干旱等水灾害的发生和发展情况，为灾害预警和应急响应提供重要支持。

（4）生态环境保护。水文信息技术在生态环境保护中的应用主要体现在水环境监测、水土保持和生态修复等方面，为生态环境保护提供技术支撑。

二、水文信息化与三道防线建设

（一）水文信息化的特点及其在防洪减灾中的应用

水文信息化是指利用计算机技术、遥感技术、GIS 技术、物联网技术等现代信息技术手段，对水文信息进行采集、传输、处理、分析和应用的过程。它具有实时性、准确性、全面性和高效性等特点，为防洪减灾提供了有力的技术支持。

在防洪减灾中，水文信息化可以应用于以下几个方面：

（1）实时监测和预警。通过遥感技术和物联网技术实时监测水位、降雨量、河道流量等水文参数，为洪水预警提供及时、准确的数据支持。

（2）数据分析和处理。利用 GIS 技术和大数据技术对海量的水文数据进行快速处理和分析，提取有价值的信息，为洪水预报和决策提供支持。

（3）决策支持系统。基于水文信息化技术构建洪水预报和决策支持系统，为防洪减灾提供科学、合理的决策依据。

（二）三道防线建设的意义与组成

三道防线建设是防洪减灾工作的重要措施之一，其意义在于通过构建多层次的监测预报体系，提高洪水预报的准确性和效率，为防洪减灾提供有力支持。

三道防线主要由以下三个部分组成：

（1）气象卫星和测雨雷达系统。作为第一道防线，通过遥测"云中雨"估算地面降雨，为洪水预报提供大范围、全局性、高分辨率的"空中雨"信息。

（2）雨量站网。作为第二道防线，通过地面雨量监测站网对落地降雨进行实时监测，依其对落地雨乃至产汇流进行分析推演，在洪水发生前对可能发生的洪水作出预报。

（3）水文站网。作为第三道防线，通过布设在流域河流干支流上的水文站网，实时监测江河、湖泊、水库的水位、流量等水文要素变化，依据落地降雨、实时水文站数据和信息制作洪水预报。

（三）水文信息化在三道防线建设中的应用

水文信息化在三道防线建设中发挥着重要作用。具体来说，可以通过以下几个方面支持三道防线的建设：

（1）数据采集与传输。利用物联网技术实现对水文数据的自动采集和实时传输，为三道防线提供及时、准确的数据支持。

（2）数据处理与分析。利用 GIS 技术和大数据技术对海量的水文数据进行快速处理和分析，提取有价值的信息，为三道防线的监测预报提供科学依据。

（3）决策支持系统。基于水文信息化技术构建洪水预报和决策支持系统，为三道防线的建设和运行提供科学、合理的决策依据。

第二章　水利工程建设管理信息化技术

第一节　信息化技术

一、概述

信息技术（Information Technology，IT）是主要用于管理和处理信息所采用的各种技术的总称。它主要是应用计算机科学和通信技术来设计、开发、安装以及实施信息系统及应用软件，也常被称为信息和通信技术（Information and Communications Technology，ICT）。

水利信息技术包括水利信息生产、信息交换、信息传输、信息处理等技术。广义的水利信息活动包括信息的生产、传输、处理等直接的信息活动。首先，水利信息化为一个过程，即"向信息活动转化的过程，向信息技术、信息产业的发展过程和信息基础设施的形成过程"；其次，水利信息化为信息活动能力所具备的一定水平，即水利信息活动的"量"和"质"；第三，水利信息化为水利信息活动能力发挥的效果，信息技术水平、信息工业规模和信息基础设施能力为信息活动服务、为水利现代化建设服务的效果。

现代信息技术的发展为水利工程管理信息化建设提供了强有力的支持。从系统开发技术的角度来看，水利工程信息化系统（Hydraulic Engineering Information System，HEIS）技术构架的基本特征如下：

（1）支持软件能力成熟度模型。软件能力成熟度模型（Capability Maturity Model，CMM）是目前国际公认的评估软件能力成熟度的行业标准，适用于各种规模的软件系统。按照不同开发水平，CMM 软件开发组织可划分为 Initial（初始化）、Repeatable（可重复）、Defined（已定义）、Managed（已管理）和 Optimizing（优化中）五个级别。CMM 的每一级是按完全相同的结构组成的，每一级包含了实现这一级目标的若干关键过程域（Key Pro—cedure Area，KPA）。这些 KPA 指出了系统需要集中力量改进的软件过程，可指导软件开发的整个过程，大幅度提高软件的质量和开发人员的工作效率，满足客户的需求。

（2）跨平台。HEIS 系统支持 Windows、Window NT、Linux、Solaris、HP—UX、JB—MAIX 等平台。对于使用多个不同平台开发的 HEIS 来说，一个统一、支持多平台的 HEIS 系统是最理想的。

（3）开发并行和串行的版本控制。HEIS 系统支持多用户并行开发，以及基于 Copy—Modify—Merge（复制—修改—合并）的并行开发模式和基于 Lock—Unlock—Lock（锁定—解锁—锁定）的串行开发模式。

（4）支持异地开发。HEIS 系统能够通过同步不同开发地点的存储库而支持异地开发，提供多种同步方式，如直连网络同步、存储介质同步、文件传输同步（FTP、E—mail 附件）等。

（5）备份恢复功能。HEIS 系统自带备份恢复功能，既无须采用第三方的工具，也无须数据库维护人员开发备份程序。

（6）基于浏览器用户界面。HEIS 系统通过浏览器用户界面浏览所有项目信息，如项目的基本信息、项目的历史、项目中的文件、文件不同版本的对比、文件的历史记录、变更请求问题报告的状态等。

（7）图形化用户界面。HEIS 系统不仅提供浏览器用户界面和基于命令行的使用界面，也提供图形化的用户界面。

（8）处理二进制文件。HEIS 系统不仅能够处理文本文件、管理二进制文件，而且对于二进制文件能够实现增量传输、增量存储、节省存储空间、降低对网络环境的要求。

（9）基于 TCP/IP 协议支持不同的 LAN 或 WAN。HEIS 系统的客户端和服务器端的程序通过协议通信，能在任何局域网（LAN）或广域网（WAN）中正常工作。一旦将文件从服务器复制到用户的机器上，普通的用户操作便无须访问网络，如编译、删除、移动等。现代的系统应支持脱机工作、移动办公，无论在什么样的网络环境、操作系统下，所有客户端程序和服务器端程序都是兼容的。

（10）高效率。HEIS 系统具有一个良好的体系结构，使得它的运行速度很快，把传输的数据量控制在最小范围内，从而节省网络带宽、提高速度。

（11）高可伸缩性。HEIS 系统具有良好的可伸缩性。随着水利工程建设规模的扩大，HEIS 系统依然能正常工作，其工作性能不会因为数据的增加而受到影响。

（12）高安全性。HEIS 系统能有效防止病毒攻击和网络非法复制，支持身份验证和访问控制，能对项目的权限进行配置。

二、信息化建设架构

（一）数据采集

数据采集包括原始数据采集和地图数据采集。原始数据采集主要有基于数字全站仪、电子经纬仪和电磁波测距仪等地面仪器的野外数据采集，基于 GIS 的数据采集，基于卫星遥感（RS）和数字摄影测量（DPS）等先进技术的数据采集；地图数据采集主要有地图数字化，包括扫描和手绘跟踪数字化。

（二）数据管理

计算机及相关领域技术的发展和融合为水利空间数据库系统的发展创造了前所未有的条件，以新技术、新方法构造的先进数据库系统正在或即将为水利信息数据库系统带来革命性的变化。

针对不同系统（GIS 或 DBMS），根据系统需求和建设目标，采取不同的数据管理模式。在数据管理模式实现的基础上，实现数据模型的研制问题，选取合适的数据模型以方便数据的管理。尽可能采用成熟的数据库技术，并注意采用先进的技术和手段来解决水利工程信息化过程中的数据管理问题。应用面向对象数据模型，使水利空间数据库系统具有更丰富的语义表达能力，并具有模拟和操纵复杂水利空间对象的能力，应用多媒体技术拓宽水利空间数据库系统的应用领域。在数据库建立的基础上，实现数据挖掘、知识提取、数据应用和系统集成。数据库主要数据管理模式包括以下几种：

（1）独立系统模式。

（2）附加系统模式。

（3）扩展系统模式。

（4）完整系统模式。

(三) 业务处理

水利工程项目管理信息化是指将水利工程项目实施过程中所发生的情况如数据、图像、声音等采用有序的、及时的和成批采集的方式加工储存处理，使它们具有可追溯性、可公示性和可传递性的管理方式。以计算机、网络通信、数据库作为技术支撑，对项目整个生命周期中所产生的各种数据进行及时、正确、高效的管理，为项目所涉及的各类人员提供必要的、高质量的信息服务。

针对水利工程项目信息化系统在数据、管理、功能等方面的特殊性要求，并结合一般项目管理内容，其业务主要包括以下几项：

(1) 项目进度管理。

(2) 项目质量管理。

(3) 项目资金管理。

(4) 项目计划管理。

(5) 项目档案管理。

(6) 项目组织管理。

(7) 项目采购招标管理。

(8) 项目监测管理。

(9) 项目效益评价。

(四) 数据输出

将实现对信息数据淋漓尽致的表达，使用户多角度、多层次、实时地感受和理解对虚拟世界的分析和模拟。其数据输出主要包括以下内容：

(1) 图件输出。

(2) 表册输出。

(3) 文档输出。

(4) 多媒体输出。

三、信息化技术模式

水利工程管理信息化建设技术架构基本模式分为四个层次，即网络平台层、系统结构层、信息处理层和业务管理层。

（一）网络平台层

网络平台层是保证信息无障碍传输的硬件设施基础。其中 Intranet 是实现水利工程管理信息化内涵发展的信息传递通道，此 Intranet/Extranet 是保证水利工程管理信息化外延发展的信息传递通道。

（二）系统结构层

根据信息管理功能侧重点的不同，将水利工程管理信息化系统结构层次的技术架构分为 HESCM 模式（Hydraulic Engineering Supply Chain Management）、HECRM 模式（Hydraulic Engineering Customer Relationship Management）、HEERP 模式（Hy—draulic Engineering Enterprise Resource Planning）以及三者相结合的 HESCM+HECRM+HEERP 混合模式。

（三）信息处理层

任何信息都必须经过输入、处理、输出的过程。水利工程管理信息作为水利工程信息化的核心内容，从水利信息所经历不同的处理阶段来划分，具体有：基于空间数据采集管理的 HE3S 模式，基于资源、环境、经济数据处理的 HEMIS 模式，基于水利资源环境经济信息进行知识发现、挖掘以支持科学决策的 HEDSS 模式，以及以这三者相结合（3S+MIS+DSS）的综合模式。

（四）业务管理层

水利工程管理信息化建设的业务管理层是实现工程建设和水利资源管理与监测业务的数字化。从其内容来看，主要包括资源利用、管理和监测以及工程建设项目管理等。

四、信息化技术理论

水利工程管理信息化理论体系是对水利工程管理信息化本质的认识和反映，是认识水利工程信息化的基本出发点。对水利工程信息化理论体系的探索有助于认识水利工程信息的基本规律、信息属性、信息功能、信息模式和信息行为。

(一) 水利工程 3S 技术

3S 技术是地理信息系统 (GIS)、全球定位系统 (GPS) 和遥测技术 (RS) 的统称，是空间技术、传感器技术、卫星定位与导航技术和计算机技术、通信技术相结合，多学科高度集成对空间信息进行采集、处理、管理、分析、表达、传播和应用的现代信息技术，在水利行业中有着广泛应用。

(二) 网络技术

网络技术是从 20 世纪 90 年代中期发展起来的新技术。它把互联网上分散的资源融为有机整体，包括高性能计算机、存储资源、数据资源、信息资源、知识资源、专家资源、大型数据库、网络和传感器等。

网络技术具有较强的应用潜力，能同时调动数百万台计算机完成某一个计算任务，能汇集数千科学家之力共同完成同一项科学试验，能让分布在各地的人们在虚拟环境中实现面对面交流。计算机网络技术的广泛运用使得水利等诸多行业向高科技化、高智能化转变，涉及水利工程的各项管理工作，如水文测报、大坝监测、河道管理、水质化验、流量监测、闸门监控等方面的计算机运用得到了快速、有效的发展。水利工程管理单位将所有信息搜集到网络管理中心的服务器之后，通过网络数据库管理软件对其进行分析、处理，对其合理性进行判断，并根据计算处理以后的成果进行运行方案的制定、指令执行情况反馈等，最后网络中心所产生的信息成果通过网络向主管机关或相关部门发布，充分发挥网络技术在水利工程管理单位运用中所带来的社会效益。

(三) 数据库技术

数据库是数据的集合，数据库技术研究如何存储、使用和管理数据，主要目的是有效管理和存取大量的数据资源。新一代数据库技术的特点提出对象模型与多学科技术有机结合，如面向对象技术、分布处理技术、并行处理技术、人工智能技术、多媒体技术、模糊技术、移动通信技术和 GIS 技术等。

数据库管理系统 (Database Management System, DBMS) 是辅助用户管

理和利用大数据集的软件，目前，用户对它的需求和使用正快速增长。常见的数据库有以下几种：

（1）水利工程基础数据库。

（2）水质基础数据库。

（3）水土保持数据库。

（4）地图数据库。

（5）地形地貌数字高程模型。

（6）地物、地貌数字正射影像数据库。

（7）遥感影像和测量资料数据库。

（四）中间件技术

中间件是处于操作系统和应用程序之间的软件，是一种独立的系统软件或服务程序，也有人认为它应该属于操作系统的一部分。分布式应用软件借助这种软件，在不同的技术之间共享资源。中间件位于客户机／服务器的操作系统之上，管理计算机资源和网络通信，是连接两个独立应用程序或系统的软件。即便相连接的系统具有不同接口，但通过中间件，相互之间仍能交换信息。

中间件技术是为适应复杂的分布式大规模软件集成而产生的支撑软件开发的技术。其发展迅速且应用越来越广，已成为构建分布式异构信息系统不可缺少的关键技术。执行中间件的一条关键途径是信息传递，通过中间件应用程序可以工作于多平台。将中间件技术与水利工程管理系统相结合，搭建中间件平台，合理、高效、充分地利用水利信息，充分吸收交叉学科的研究精华是水利信息化应用领域的一个创新和跨越式发展。针对水利行业的特点，建立起一个面向水利信息化的中间件服务平台，该平台由数据集成中间件、应用开发框架平台、水利组件开发平台、水利信息门户等组成，将水雨情、水量、水质、气象社会信息等数据综合起来进行分析处理，在水利工程管理中发挥着重要作用。

中间件的作用如下：

（1）远程过程调用。

（2）面向消息的中间件。

（3）对象请求代理。

（4）事务处理监控。

第二节　云计算技术

一、云计算的体系结构

计算是一个拥有超级计算资源的"云"，用户只要连接到网络中的"云"就可以获得计算资源，并根据需要，动态地增加或减少使用资源的数量，用户只需要为所使用的资源付费即可。但从云计算的内部来看，其有自己的结构和组成，具体如下：

云用户端：不仅为用户提供请求云计算服务的交互界面，也是用户使用云计算的入口，用户通过 Web 浏览器等简单的程序进行注册、登录，并进行定制服务、配置和管理用户等操作。用户使用云计算服务时的感觉和使用本地操作的桌面系统一样。

服务目录：通过访问服务目录，云用户通过付费或其他机制取得相应权限后，就可以对服务列表进行选择、定制或退订等操作，操作结果在云用户端界面生成相应的图表来进行表示。

管理系统和部署工具：提供用户管理和服务，对用户进行授权、认证、登录等管理，对云计算中的计算资源进行管理，接收用户端发送过来的请求，分析用户请求，并将其转发到相应程序，然后智能地对资源和应用进行部署，并且在应用执行的过程中动态地部署、配置和回收计算资源。

监控：对云系统中资源的使用情况进行监控和计量，并据此做出快速反应，完成对云计算中节点同步配置、负载均衡配置以及资源监控，以确保资源能及时、有效地分配给用户。

服务器集群：由大量虚拟的或物理的服务器构成，由管理系统进行管理，负责实际运行用户的应用、数据存储以及对用户的高并发量请求进行处理。

用户首先通过云用户端从服务目录列表中选择所需服务，用户请求通过管理系统调度相应的计算资源，并通过部署工具分发请求到服务器集群中，配置相应的应用程序来执行。

根据服务集合所提供服务的类型，整个云计算服务集合可以划分成三个层次，即应用层、平台层和基础设施层，其划分顺序是由下而上，按照服务层次进行的。它们分别是面向底层硬件的设施即服务（IaaS）、面向平台的平台即服务（PaaS）以及面向软件的软件即服务（SaaS）。

LaaS 是指将底层的物理设备网络连接等基础设施资源集成为资源池。每当用户需要资源时，会发送请求。系统在收到请求后，会为其分配相应资源，满足用户需求。通常而言，LaaS 是利用虚拟化技术抽象化底层的基础设备资源，以此来达到组织现有系统中的 CPU、内存和存储空间等资源的目的。这样就可以在这些方面做到高可定制性、易扩展性和健壮性。而在系统中真正对这些进行控制管理的是系统管理员，对用户而言，整个系统是完全透明的。

PaaS 是指一个向用户提供在基础设备之上的系统软件平台。它为用户提供支持多平台的软件开发，并提供对应的库文件、服务以及与之相关的工具。通常 PaaS 建立在 LaaS 之上，主要用户群体是软件开发者，而非普通用户。PaaS 的主要作用是让用户无须顾虑底层的物理实现，而专注平台上的软件开发。

SaaS 是指为用户提供使用运行在 LaaS 上的应用软件的能力。用户可以通过各种终端上搭载的应用，如网页浏览器，来访问这些软件，无须控制管理硬件设备和网络设备，一切都由系统分配部署完毕，软件即连即用。

不仅可以按运行所在层次进行分类，还可以根据服务对象进行分类，具体可分为公有云（Public Cloud）、私有云（Private Cloud）以及混合云（Hybrid Cloud）。

一般而言，公有云提供给互联网上用户的云服务都是收费性质的。其用户群体一般是中小型企业或者广大用户。其云服务器一般位于远端。

私有云的目标用户群体是企业内部员工，或者某些特定用户所使用。其云服务器一般位于本地。

混合云是由上述两种同时使用的云服务类型。一般是由于本地的私有云服务因为某些条件限制，不能完全满足用户需求，从而借助外部的公有云为其资源池进行补充，以满足用户的使用需求。

将 SaaS、PaaS、LaaS 这三个词的首字母组合起来是 SPI。这也就是 SPI 金字塔模型。

二、云计算的关键技术

(一) 能源管理技术

在大中型数据中心中，不仅需要在服务器等计算机设备上消耗电量，而且需要在降温等辅助设备上消耗电量。一般而言，在计算设备上消耗的电量和在其他辅助设备上消耗的电量差不多。也就是说，如果一个数据中心的计算设备耗电量是1，那么整个数据中心的耗电量就是2。而对一些非常出色的数据中心，利用一些先进技术，耗电量最多能达到1.7，但是谷歌公司通过一些有效的设计，使部分数据中心达到了业界领先的1.2，在这些设计中，最有特点的是数据中心高温化，也就是让数据中心内的计算设备运行在偏高的温度下。但是在提高数据中心的温度方面有两个常见的限制条件：一是服务器设备的崩溃点；二是精确的温度控制。只要能保证这两点，系统就有能力在高温下工作。

(二) 虚拟化技术

虚拟化技术是实现云计算最基础的技术，其实现了物理资源的逻辑抽象和统一。利用该技术可以提高物理硬件资源的使用效率，根据用户需求，对资源进行灵活快速地配置和部署。在云计算中，通过在物理主机中同时运行多个虚拟机，从而实现虚拟化。在云计算平台中，其始终保持着多台虚拟机的监视以及资源的分配部署。

为了使用户可以"透明"地使用云计算平台，通常使用虚拟化技术来实现分割硬件物理资源的实体。通过切割不同的硬件资源，将这些资源再组合成所需要的虚拟机实例，这样就通过虚拟化技术在平台上为用户提供了不同的云计算服务。由于以上解决方法使得一个物理硬件资源不断地被复用，因此，便让虚拟化技术成为提高服务效率的最佳解决方案。

一般而言，虚拟化平台可分为三层结构：最底层是虚拟化层，提供最基本的虚拟化能力支持；中间层是控制执行层，所有对虚拟机进行的操作指令由该层发出；顶层是管理层，对控制层进行策略管理、控制。平台包含虚拟资源管理、虚拟机监视器、动态资源管理、动态负载均衡、虚拟机迁移等功能实体。

（三）海量数据管理技术

云计算系统需要高效率地进行数据处理和分析，并且要为用户提供高性能的服务。因此，在数据管理技术中，如何在规模如此巨大的数据中找到需要的数值成为核心问题。数据管理系统必须同时具有高容错性、高效率以及能够在异构环境下运行的特点。而在传统的 IT 系统中普遍采用的是索引、数据缓存和数据分区等技术。而在云计算系统中，由于数据量大大超过了传统系统所拥有的数据量，所以传统系统所使用的技术是难以胜任的。

（四）分布式存储技术

云计算系统由大量服务器组成，同时为大量用户服务，为了能够保证数据的可靠性，采用冗余存储的方式存储海量数据。分布式文件系统就是一种采用冗余存储方式进行数据存放的系统。它是在文件系统上发展起来的适用于云平台的分布式文件系统。对于数据存储技术来说，高可靠性、I/O吞吐能力和负载均衡能力是它最核心的技术指标。在存储可靠性方面，平台系统支持节点间保存多个数据副本的功能，用以提高数据的可靠性。在 I/O吞吐能力方面，根据数据的重要性和访问频率，系统会将数据分级进行多副本存储，而热点数据并行读写，从而提高 I/O 吞吐能力。在负载均衡方面，系统依据当前系统负荷，将节点数据迁移到新增或者负载较低的节点上。云平台提供了一种利用简单冗余方法实现海量数据存储的解决方案。

第三节　物联网及相关技术

一、概述

物联网（Internet of Things, IOT）是新一代信息技术的重要组成部分。物联网的字面意思是物物相连的互联网。具体有两层含义：一是物联网的基础和核心是 Internet，是在 lnternet 基础上扩展和延伸的网络；二是用户端扩展和延伸到了任何物品之间进行信息交换与互联。物联网通过感知、识别等技术以及普适计算、云计算等技术融合应用，被称为继计算机、互联网之后信息产业发展的又一次浪潮。

二、物联网体系架构

(一) 感知层

感知层的作用是感知和采集信息。从仿生学角度来看，感知层为"感觉器官"，可以感知自然界的各种信息。感知层包含传感器、RFID 标签与读写器、激光扫描器、摄像头、M2M 终端、红外感应器等各种设备和技术。传感器及相关设备装置位于物联网底层，是整个产业链中最基础的环节，解决人类世界与物理世界数据获取问题，首先通过传感器、RFID 等设备采集外部物理世界的数据，然后通过蓝牙、红外、工业总线、条码等短距离传输技术进行传输。

2009 年，我国提出"感知中国"后，国家加大对传感器的研发投入。江苏省无锡市建成了我国首个传感中心，通过国家高层次海外人才引进，纳米传感器在医学上已经应用到临床。传感器是一种多学科交叉的工程技术，涉及信息处理、开发、制造、评价等许多方面，制造微型、低价、高精度、稳定可靠的传感器是科研人员与生产单位的目标。RFID 应用广泛，如身份证、电子收费、物流管理、公交卡、高校一卡通等，且 RFID 标签可以印刷，成本低廉，得到广泛的应用与普及。

(二) 网络层

网络层的任务是将感知层的数据进行传输，将感知层获取的数据通过移动通信网、卫星通信网、各类专网、企业内部网、小型局域网、各种无线网络进行传输，尤其互联网、有线电视网、电信网进行三网融合后，有线电视网也能提供低价的宽带数据传输服务，促进了物联网的发展。

（三）应用层

应用层的任务是对网络层传输来的数据进行处理，并通过终端设备与人进行交互，包括数据存储、挖掘、处理、计算以及信息的显示。物联网的应用层涵盖医疗、环保、物流、银行、交通、农业、工业等领域，虽然物联网是物物相连的网络，但最终需要以人为本，需要人的操作与控制。应用层的实现涉及软件的各种处理技术、智能控制技术和云计算技术等。

三、物联网的关键技术

（一）智能家居

智能家居利用物联网平台，以家居生活环境为场景，将网络家电、安全防卫、照明节能等子系统融合在一起，为人们提供智能、宜居、安全、舒适的家居环境。与传统家居相比较，智能家居能够为人们提供宜居、舒适的生活场景，安全、高效利用能源，生活、工作方式得到优化，家居环境变成智慧、能动的生活工作工具，从而达到环保、低碳、节能的效果。

经过市场发展培养，我国智能家居发展迅速，随着5G技术、云计算技术的应用推广，手机、平板等智能终端设备的普及和价格下降迅速，以及各物联网相关技术的发展，智能家居进入快速发展通道。

（二）智能农业

传统农业主要依靠自然资源和劳动力，成本低廉、效率低下、劳动强度大、难度高，已不能满足现代农业高产、高效、优质、安全的需要。随着物联网技术被引入农业中，农业信息化程度得到明显提高。智能农业通过实时采集温湿度、二氧化碳浓度、光照强度、土壤温湿度、pH 值等参数，自动开启或者关闭控制设备，使农作物处于最优的生长环境中。同时通过追踪农产品的生长监控信息，探索最适宜农产品生长的环境，为农业的自动控制与智能管理提供科学依据。对于传统农业中的灌溉、打药、施肥等，农民都是靠感觉、凭经验，在智能农业中，这些都可通过相关设备自动控制，实施精确管理。

(三) 智能环保

随着社会的进步与发展，不仅环境污染变得更加严重，而且出现了一些新情况，同时伴随着人们生活水平的提高，环保意识不断增强。我国环境保护方面的信息化程度较低，实现环保工作的自动化、智能化是未来工作的重点。

(四) 智能医疗

人们可利用物联网技术实时感知各种医疗信息，实现全面互联互通的智能化医疗。通过智能医疗系统，对病人和药品进行智能化管理，比如病人佩戴 RFID 设备，实时跟踪病人的活动范围；病人佩戴各种传感器，对重症病人进行全方位实时监控，特殊情况及时报警，节省了人力开支，提高了信息的准确性和及时性。此外，智能医疗还能通过家庭医疗传感设备，实时监控家中老人或者病人的各项健康指标，并将各项指标数据传输给健康专家，给出保健或护理建议。但是也存在标准不统一、成本高、隐私保护难度大以及国内医疗相关企业竞争力弱等问题。

(五) 智能物流

当前，物联网在物流行业已得到广泛应用，智能物流运用传感器技术、RFID、CPS 等技术，对物品的运输、配送、仓储等环境进行跟踪管理，从而达到配送物品的高效、智能，减少人力资源的浪费。智能物流实现了物流配载、电子商务、运输调度等多种功能的一体化，成为运用物联网技术较成熟的行业。

(六) 智能安防

我国的安防体系存在安防设备智能化不足、功能单一、可靠性差以及服务范围窄等问题。物联网技术的快速发展给安防行业带来了技术创新，通过把物联网的快速感应、高效传输等特点应用到安防领域，实现安防系统的智能化，提高其自适应能力、自学习能力，最终能针对不同的应急情况自动采取各种针对性的措施来保证安全。例如，上海世博会的各种安防系统，车辆安全监控系统实现对世博会园区 10 余万辆汽车的安检；智能火灾监控系统，在发现烟雾时能及时采取有效措施并报警。

物联网是以应用为核心的网络，应用创新是物联网发展的核心，强调以用户体验为核心的创新是物联网发展的灵魂。其应用的关键技术如下：

（1）传感器技术。物联网能做到物物相连，进行感知识别离不开传感器技术。目前通常采用无线传感器技术，大量传感器节点部署在感知区域内，构成无线传感器网络。无线传感器网络作为感知域中的重要组成部分，有很多关键技术需要进行研究，如路由技术、拓扑管理技术等。

（2）RFID 标签。本质上来说，RFID 也是一种传感器技术，融合了无线射频技术和嵌入式技术，在物流管理、自动识别、电子车票等领域有广阔的应用前景。

（3）嵌入式技术。综合了集成电路技术、电子应用技术、传感器技术以及计算机软硬件技术，经过多年发展，基于嵌入式技术的智能终端产品随处可见，从普通遥控器到航天卫星，从电子手表到飞机上的各种控制系统。嵌入式系统已经完全融入人们的生活中，改变着人们的生活，推动着工业生产以及国防技术的发展。

（4）应用软件技术。通过各种各样的应用软件技术提供不同的服务，满足用户的不同需求。应充分利用丰富的应用软件提供的各种功能，将物联网 Wed 化，物联网应用融入 Wed 中，借助 Internet 物联网，为用户提供各种各样的服务。

虽然当前国内外在物联网领域已经取得了大量理论研究成果和部分应用示范，但问题仍较为突出。例如，封闭的内部尝试，缺乏开放性、示范性与可复制性；不能互联互通，存在严重的地区和行业壁垒，大量示范工程重复建设；产品、解决方案互不兼容，缺乏统一的概念，导致大量碎片化的框架和应用等。针对这些问题，在分析物联网系统各部分功能与特点的基础上，从基于 Wed 的物联网业务环境的基本原则出发，将物联网系统架构分为感知域和业务域，提出了基于 Wed 的物联网体系结构，将物联网 Wed 化。

构建基于 Wed 的物联网系统服务平台，汇聚产业链上的设备和平台，引进国内外先进的技术和理念，形成物联网应用设备商店，为用户提供全方位的体验与服务，最终形成物联网应用服务云，构建物联网生态系统。

第四节　大数据挖掘与分析技术

一、数据挖掘理论基础

谈到知识发现和数据挖掘，则必须进一步阐述其研究的理论基础。虽然关于数据挖掘的理论基础问题，仍然没有达到完全成熟的地步，但是分析它的发展可以更清楚地理解数据挖掘的概念。系统理论是研究、开发、评价数据挖掘方法的基石。经过十几年探索，一些重要的理论框架已经形成，并且吸引着众多的研究和开发者为此做进一步工作，向着更深入的方向发展。数据挖掘方法既可以是基于数学理论的，也可以是非数学的；既可以是演绎的，也可以是归纳的。

(一) 模式发现架构

在这种理论框架下，数据挖掘技术被认为是从源数据集中发现知识模式的过程。这是对机器学习方法的继承和发展，是目前比较流行的数据挖掘研究与系统开发架构。按照这种架构，可以针对不同知识模式的发现过程进行研究。目前，在关联规则、分类聚类模型、序列模式以及决策树归纳等模式发现的技术与方法上取得了丰硕成果。近年来，已经开始对多模式知识发现的研究。

(二) 规则发现架构

Agrawal 等综合机器学习与数据库技术，将三类数据挖掘目标 (即分类、关联及序列) 作为一个统一的规则发现问题来处理，其给出了统一的挖掘模型和规则发现过程中的几个基本运算，解决了数据挖掘问题如何映射到模型和通过基本运算发现规则的问题，这种基于规则发现的数据挖掘构架是目前数据挖掘研究的常用方法。

(三) 基于概率和统计理论

在这种理论框架下，数据挖掘技术被看作从大量源数据集中发现随机变量的概率分布情况的过程，如贝叶斯置信网络模型等。目前，这种方法在数据挖掘的分类和聚类研究及应用中取得了很好的成果，可以将其看作概率理论在机器学习中应用的发展和提高。统计学作为一门古老的学科，已经在数据挖掘中得到广泛应用。例如，传统的统计回归法在数据挖掘中的应用，特别是最近10年，统计学已经成为支撑数据仓库、数据挖掘技术的重要理论基础。

（四）微观经济学观点

在这种理论框架下，数据挖掘技术被看作一个问题的优化过程。1998年，Kleinberg 等人建立了在微观经济学框架里判断模式价值的理论体系。他们认为，如果一个知识模式对一个企业有效，那么它就是有趣的。有趣的模式发现是一个新的优化问题，可以根据基本的目标函数，对"被挖掘的数据"的价值提供一个特殊的算法视角，导出优化的企业决策。

（五）基于数据压缩理论

在这种理论框架下，数据挖掘技术被看作对数据的压缩过程。按照这种观点，关联规则、决策树、聚类等算法实际上都是对大型数据集不断概念化或抽象的压缩过程，最小描述长度（Minimum Description Length，MDL）原理可以评价一个压缩方法的优劣，即最好的压缩方法应该是概念本身的描述和把它作为预测器的编码长度都最小。

（六）基于归纳数据库理论

在这种理论框架下，数据挖掘技术被看作对数据库的归纳问题。一个数据挖掘系统必须具有原始数据库和模式库，数据挖掘的过程就是归纳的数据查询过程，这种构架是目前研究者和系统研制者倾向的理论框架。

（七）可视化数据挖掘

虽然可视化数据挖掘必须结合其他技术和方法才有意义，但是以可视化数据处理为中心来实现数据挖掘的交互式过程以及更好地展示挖掘结果等已经成为数据挖掘中的一个重要方面。

二、数据挖掘分类方法

数据挖掘涉及的学科领域和方法很多，故有多种分类方法。

根据挖掘任务不同，可以分为分类或预测模型发现、数据总结与聚类发现、关联规则发现、序列模式发现、相似模式发现、混沌模式发现、依赖关系或依赖模型发现以及异常和趋势发现等。

根据挖掘对象不同，可以分为关系数据库、面向对象数据库、空间数据库、时态数据库、文本数据源、多媒体数据库、异质数据库以及遗产数据库等对象的挖掘。

根据挖掘方法不同，可以分为机器学习方法、统计方法、聚类分析方法、探索性分析方法、神经网络方法、遗传算法、数据库方法、近似推理和不确定性推理方法、基于证据理论和元模式的方法、现代数学分析方法、粗糙集方法及集成方法等。

根据数据挖掘所能发现的知识不同，可以分为广义型知识挖掘、差异型知识挖掘、关联型知识挖掘、预测型知识挖掘、偏离型异常知识挖掘和不确定性知识等。

当然，这些分类方法从不同角度刻画了数据挖掘研究的策略和范畴，它们既相互交叉，又相互补充。

三、数据挖掘分析方法

(一) 广义知识挖掘

广义知识是指描述类别特征的概括性知识。众所周知，在源数据 (如数据库) 中存放的一般是细节性数据，而有时人们希望能从较高层次的视图上处理或观察这些数据，通过数据进行不同层次的泛化来寻找数据所蕴含的概念或逻辑，以适应数据分析的要求。数据挖掘的目的之一就是根据这些数据的微观特性发现具有普遍性的、更高层次概念的中观和宏观的知识。因此，这类数据挖掘系统是对数据所蕴含的概念特征信息、汇总信息和比较信息等概括、精炼和抽象的过程。被挖掘出的广义知识既可以结合可视化技术，以直观的图表 (如饼图、柱状图、曲线图、立方体等) 形式展示给用户，也可以作为其他应用（如分类、预测）的基础知识。

(二) 关联知识挖掘

关联知识反映一个事件和其他事件之间的依赖或关联。数据库中的数据关联是现实世界中事物联系的表现。数据库作为一种结构化的数据组织形式，利用其依附的数据模型可能刻画了数据间的关联，如关系数据库的主键和外键。但是，数据之间的关联是复杂的，不仅是上面所说的依附在数据模型中的关联，大部分是隐藏的。关联知识挖掘的目的就是找出数据库中隐藏的关联信息。关联可分为简单关联、时序关联、因果关联、数量关联等，这些关联并不总是事先知道的，而是通过数据库中数据的关联分析获得的，因而对商业决策具有重要价值。

(三) 类知识挖掘

类知识刻画了一类事物，这类事物具有某种意义上的共同特征，并明显与不同类事物相区别。与其他文献相对应，这里的类知识是指数据挖掘的分类和聚类两类数据挖掘应用所对应的知识。

1. 分类方法

(1) 决策树方法。在许多机器学习书或论文中可以找到这类方法，这类方法中的 ID3 算法是最典型的决策树分类算法，之后的改进算法包括 ID4、ID5、C4.5、C5.0 等。这些算法都是从机器学习角度研究和发展起来的，对于大训练样本集很难适应。这是决策树应用向数据挖掘方向发展必须面对和解决的关键问题。在这方面的尝试有很多，比较有代表性的研究有 Agrawal 等人提出的 SPRINT 算法，其强调了决策树对大训练集的适应性。Michalski 等对决策树与数据挖掘的结合方法和应用进行了归纳。另一个比较著名的研究是 Gehrke 等人提出了一个称为雨林的在大型数据集中构建决策树的挖掘构架，并提出这个模型的改进算法 BOAT。另外一些研究集中在针对数据挖掘特点所进行的高效决策树、裁剪决策树中规则的提取技术与算法等方面。

(2) 贝叶斯分类。贝叶斯分类源于概率统计学，并且在机器学习中被很好地研究。近年来，作为数据挖掘的重要方法，贝叶斯分类备受瞩目。朴素贝叶斯分类具有坚实的理论基础，与其他分类方法相比，其在理论上具有较小的出错率。但是，由于受其对应用假设的准确性设定的限制，因此，需要在提高和验证它的适应性等方面做进一步工作。Jone 提出连续属性值的内核稠密估计的朴素贝叶斯分类方法，提高了基于普遍使用的高斯估计的准确性，Domingos 等对于类条件独立性假设应用假设不成立时朴素贝叶斯分类的适应性进行了分析，贝叶斯信念网络是基于贝叶斯分类技术的学习框架，集中在贝叶斯信念网络本身架构以及它的推理算法研究上，其中比较有代表性的工作有 Russell 的布尔变量简单信念网、训练贝叶斯信念网络的梯度下降法、Buntine 等建立的训练信念网络的基本操作，以及 Lauritzen 等具有蕴藏数据学习的信念网络及其推理算法 EM 等。

（3）神经网络。神经网络作为一个相对独立的研究分支很早被提出，有许多著作和文献详细介绍了它的原理。由于神经网络需要较长的训练时间，并且可解释性较差，为它的应用带来了困难。但是，由于神经网络具有高度的抗干扰能力、可以对未训练数据进行分类等优点，又使得它具有极大的诱惑力。因此，在数据挖掘中使用神经网络技术是一项有意义但仍需要艰苦探索的工作。在神经网络和数据挖掘技术的结合方面，一些利用神经网络挖掘知识的算法被提出，如 Lu 和 Setiono 等人提出的数据库中提取规则的方法、Widrow 等系统介绍了神经网络在商业等方面的应用技术。

（4）遗传算法。遗传算法是基于进化理论的机器学习方法，它采用遗传结合、遗传交叉变异以及自然选择等操作，实现规则的生成。有许多著作和文献详细介绍了它的原理，这里不再赘述。

（5）类比学习和案例学习。最典型的类比学习方法是 k—最邻近分类（k—Nearest Neighbor）方法，它属于懒散学习法，与决策树等急切学习法相比，具有训练时间短、分类时间长的特点。k—最邻近方法可以用于分类和聚类中，基于案例的学习方法可以应用到数据挖掘的分类中。基于案例学习的分类技术的基本思想是当一个新案例进行分类时，通过检查已有的训练案例找出相同的或最接近的案例，然后根据这些案例提出这个新案例的可能解。利用案例学习来进行数据挖掘的分类必须解决案例的相似度、度量训练案例的选取以及利用相似案例生成新案例的组合解等关键问题，它们正是目前研究的主要问题。

（6）其他方法，如粗糙集和模糊集方法等。另外需要强调的是，任何一种分类技术与算法都不是万能的，不同的商业问题需要运用不同的方法去解决，即使对于同一个商业问题，也可能有多种分类算法。分类的效果一般与数据的特点有关。有些数据噪声大、有缺值、分布稀疏，有些属性是离散的，而有些是连续的，所以目前普遍认为不存在某种方法适合所有特点的数据。因此，对于一个特定问题和一类特定数据，需要评估具体算法的适应性。

2. 聚类方法

（1）基于划分的聚类方法。k—平均算法是统计学中的一种经典聚类方法，但是它只有在簇平均值被预先定义好的情况下才能使用，加之对噪声数据的敏感性等，使得对数据挖掘的适应性较差。因此，出现了一些改进算法。主要有 Kaufman 等人提出的 k—中心点算法、PAM 和 Clare 算法，Huang 等人提出的 k—模和 k—原型方法，Bradley 和 Fayyad 等建立的基于 k—平均的可扩展聚类算法。其他具有代表性的方法有 EM 算法、Clarans 算法等。基于划分的聚类方法得到了广泛研究和应用，但是对于大数据集的聚类仍需要进一步研究和扩展。

（2）基于层次的聚类方法。通过对源数据库中的数据进行层次分解，达到目标簇的逐步生成。有两种基本方法，即凝聚和分裂。其中，凝聚聚类是指由小到大开始，可能是每个元组为一组逐步合并，直到每个簇满足特征性条件；分裂聚类是指由大到小开始，可能为一组逐步分裂，直到每个簇满足特征性条件。Kaufman 等人详细介绍了凝聚聚类和分裂聚类的基本方法，Zhang 等人提出了利用 CF 树进行层次聚类的 Birth 算法，Guha 等人提出了 Cure 算法、Rock 算法，Karypis 和 Han 等人提出了 Chameleon 算法。基于层次的聚类方法计算相对简单，但是操作后不易撤销，因而对于迭代中的重定义等问题仍需做进一步工作。

（3）基于密度的聚类方法。基于密度的聚类方法是通过度量区域所包含的对象数目来形成最终目标的。如果一个区域的密度超过指定的值，那么它就需要进一步分解成更细的组，直至得到用户可以接受的结果。这种聚类方法相比基于划分的聚类方法，不仅可以发现球形以外的任意形状的簇，而且可以很好地过滤孤立点数据，对大型数据集和空间数据库的适应性较好。比较有代表性的工作有 Ester 等人提出的 DBSCAN 方法、Hinneburg 等人提出的基于密度分布函数的 DENCLUE 聚类算法、Ankerst 等人提出的 OPTICS 聚类排序方法。基于密度的聚类算法大多还是把最终结果的决定权参数值交给用户决定，这些参数的设置以经验为主。而且对参数设定的敏感性较高，即较小的参数差别可能导致区别很大的结果。因此，这是这类方法有待进一步解决的问题。

（4）基于网格的聚类方法。这种方法是把对象空间离散化成有限的网格单元，聚类工作在这种网格结构上进行。Wang 等人提出的 String 方法是一种多层聚类技术。它把对象空间划分成多个级别的矩形单元，高层的矩形单元是多个低层矩形单元的综合，每个矩形单元的网格搜集对应层次的统计信息值。该方法具有聚类速度快、支持并行处理和易于扩展等优点，受到广泛关注。另一些有代表性的研究包括 Sheikholeslami 等人提出的通过小波变换进行多分辨率聚类方法 Wave Cluster、Agrawal 等人提出的把基于网格和密度结合的高维数据聚类算法 CLIQUE 等。

（5）基于模型的聚类方法。这种方法为每个簇假定一个模型，寻找数据对给定模型的最佳拟合。目前的研究主要集中在利用概率统计模型进行概念聚类和利用神经网络技术进行自组织聚类等方面，它需要解决的主要问题之一仍然是如何适用于大型数据库的聚类应用。

最近的研究倾向利用多种技术的综合性聚类方法探索，以解决大型数据库或高维数据库等聚类挖掘问题。此外，一些焦点问题也包括孤立点检测、一致性验证、异常情况处理等。

（四）预测型知识挖掘

预测型知识是指由历史的和当前的数据产生的并且能推测未来数据趋势的知识。这类知识可以被认为是以时间为关键属性的关联知识，应用到以时间为关键属性的源数据挖掘中。从预测的主要功能来看，主要是对未来数据的概念分类和趋势输出。可以用于产生具有对未来数据进行归类的预测型知识，统计学中的回归方法等可以通过历史数据直接产生对未来数据预测的连续值，因而，这些预测型知识已经蕴藏在诸如趋势曲线等输出形式中。利用历史数据生成具有预测功能的知识挖掘工作归为分类问题，而把利用历史数据产生并输出连续趋势曲线等问题作为预测型知识挖掘的主要工作。分类型的知识也应该有两种基本用途：一是通过样本子集挖掘出的知识可能目的只是用于对现有源数据库的所有数据进行归类，以使现有的庞大源数据在概念或类别上被"物以类聚"；二是有些源数据尽管是已经发生的历史事件的记录，但是存在对未来有指导意义的规律性东西，如总是"老年人的癌症发病率高"。因此，这类分类知识也是预测型知识。

（1）趋势预测模式。主要是针对那些具有时序属性的数据，如股票价格等，或者序列项目的数据，如年龄和薪水对照等、发现长期的趋势变化等。有许多来自统计学的方法经过改造可以用于数据挖掘中，如基于 n 阶移动平均值、n 阶加权移动平均值、最小二乘法、徒手法等的回归预测技术。另一些研究较早的数据挖掘分支，如分类、关联规则等技术，也被应用到趋势预测中。

（2）周期分析模式。其主要是针对那些数据分布和时间依赖性很强的数据进行周期模式的挖掘，如服装在某季节或所有季节的销售周期。近年来，这方面的研究备受瞩目，除了传统的快速傅里叶变换等统计方法及其改造算法外，也从数据挖掘研究角度进行了有针对性的研究，如 Han 等人提出的挖掘局部周期的最大子模式匹配集方法。

（3）序列模式。其主要是针对历史事件发生次序的分析形成预测模式来对未来行为进行预测，如预测"三年前购买计算机的客户有很大概率会买数码相机"。主要工作包括 Zaki 等人提出的序列模式挖掘方法、Han 等人提出的称为 FreeSpan 的高效序列模式挖掘算法等。

（4）神经网络。在预测型知识挖掘中，神经网络也是很有用的模式结构，但是由于大量的时间序列是非平稳的，其特征参数和数据分布随着时间的推移而发生变化。因此，仅仅通过对某段历史数据的训练来建立单一的神经网络预测模型无法完成准确的预测任务。为此，人们提出了基于统计学等的再训练方法。当发现现存预测模型不再适用于当前数据时，应对模型重新训练，获得新的权重参数，建立新的模型。

此外，也有许多系统借助并行算法的计算优势等进行时间序列预测。总之，数据挖掘的目标之一就是自动在大型数据库中寻找预测型信息，并形成对应的知识模式或趋势输出来指导未来的行为。

四、特异型知识挖掘

特异型知识是源数据中所蕴含的极端特例，或明显区别于其他数据的知识描述，它揭示了事物偏离常规的异常规律。数据库中的数据常有一些异常记录，从数据库中检测出这些数据所蕴含的特异知识很有意义，如在站点发现那些区别于正常登录行为的用户特点，便可以防止非法入侵。特异型知识可以和其他数据挖掘技术结合起来，在挖掘普通知识的同时，进一步获得特异型知识，如分类中的反常实例、不满足普通规则的特例、观测结果与模型预测值的偏差、数据聚类外的离群值等。

五、数据仓库中的数据挖掘

数据仓库中的数据是按照主题来组织的。存储的数据可以从历史的观点提供信息。面对多数据源，经过清洗和转换后的数据仓库可以为数据挖掘提供理想的发现知识的环境。假如一个数据仓库模型具有多维数据模型或多维数据立方体模型支撑，那么基于多维数据立方体的操作算子可以达到高效率的计算和快速存取。虽然目前的一些数据仓库辅助工具可以帮助完成数据分析，但是发现蕴藏在数据内部的知识模式及其按知识工程方法来完成高层次的工作仍需要新技术。因此，研究数据仓库中的数据挖掘技术是必要的。

数据挖掘不仅伴随数据仓库而产生，而且随着应用的深入，产生了许多新的课题。如果把数据挖掘作为高级数据分析手段来看，那么它是伴随数据仓库技术提出并发展起来的。随着数据仓库技术的出现，出现了联机分析处理应用。尽管 OLAP 在许多方面与数据挖掘是有区别的，但是它们在应用目标上有很大的重合度，那就是都不满足传统数据库仅用于联机查询的简单应用，而是追求基于大型数据集的高级分析应用。客观地讲，数据挖掘更看重数据分析后所形成的知识表示模式，而 OLAP 更注重利用多维等高级数据模型实现数据的聚合。

六、Web 数据源中的数据挖掘

面向 Web 的数据挖掘比面向数据库和数据仓库的数据挖掘要复杂得多，因为它的数据是复杂的，有些是无结构的（如 Web 页），通常是用长的句子或短语来表达文档类信息，有些可能是半结构的 (如 E—mail、HTML 页)，当然有些具有很好的结构 (如电子表格)。揭开这些复合对象蕴含的一般性描述特征成为数据挖掘不可推卸的责任，Web 挖掘的研究主要有三种流派，即 Web 结构挖掘、Web 使用挖掘和 Web 内容挖掘。

(1) Web 结构挖掘。Web 结构挖掘主要是指挖掘 Web 上的链接结构，它有广泛的应用价值。例如，通过 Web 页面间的链接信息可以识别出权威页面、安全隐患 (非法链接) 等。Chakrabarti 等人提出利用挖掘 Web 上的链接结构来识别权威页面的思想，Kleinberg 等人提出了一个较有影响的称为 HITS 的算法。HITS 算法使用 HUB 概念，HUB 是指一系列的相关某一聚焦点的 Web 页面搜集。

(2)Web 使用挖掘。Web 使用挖掘主要是指对 Web 上的日志记录的挖掘。Web 上的 Log 日志记录包括 URL 请求、IP 地址以及时间等的访问信息。分析和发现 Log 日志中蕴藏的规律可以帮助我们识别潜在客户、跟踪服务质量以及侦探非法访问隐患等。发现得最早对 WebLog 日志挖掘有较为系统化研究的是 Tauscher 和 Greenberg，比较著名的原型系统有 Zaiane 和 Han 等研制的 WebLog Mining。

(3) Web 内容挖掘。实际上 Web 的链接结构也是 Web 的重要内容。除了链接信息外，Web 的内容主要包括文本、声音、图片等的文档信息。显然，这些信息是深入理解站点的页面关联的关键所在。同时，这类挖掘也具有更大的挑战性。Web 的内容是丰富的，而且构成成分是复杂的 (无结构的、半结构的等)，对内容的分析又离不开具体的词句等细节的、语义上的刻画。基于关键词的内容分析技术是研究较早的、较直观的方法，已经在文本挖掘和 Web 搜索引擎等相关领域得到广泛的研究和应用。目前对于 Web 内容挖掘技术更深入的研究是在页面的文档分类、多层次概念归纳等问题上。

以下是最常用的机器学习算法，大部分数据问题都可以通过它们得以解决：线性回归、逻辑回归、决策树、支持向量机 (SVM)、朴素贝叶斯、k—邻近算法、k—均值算法、随机森林、降低维度算法 Gradient Boosting 和 Adaboost 算法等。

① 线性回归。线性回归是利用连续性变量来估计实际数值。通过线性回归算法找出自变量和因变量间最佳的线性关系，图形上可以确定一条最佳

直线。这条最佳直线就是回归线。

②逻辑回归。其实逻辑回归是一个分类算法，而不是回归算法。通常是利用已知的自变量来预测一个离散型因变量的值（如二进制值0/1、是/否、真/假）。简单来说，它就是通过拟合一个逻辑函数来预测一个事件发生的概率。所以它预测的是一个概率值，自然，它的输出值应该在 0~1。

③决策树。它属于监督式学习，常用来解决分类问题。令人惊讶的是，它既可以运用于类别变量，也可以运用于连续变量。这个算法可以让我们把一个总体分为两个或多个群组。分组根据能够区分总体的最重要的特征变量/自变量进行。

④支持向量机。这是一个分类算法。在这个算法中，将每一个数据作为一个点在一个 n 维空间上作图（n 是特征数），每一个特征值就代表对应坐标值的大小。比如有两个特征，即一个人的身高和发长，可以将这两个变量在一个二维空间上作图，图上的每个点都有两个坐标值（这些坐标轴也叫作支持向量）。

⑤朴素贝叶斯。这个算法是建立在贝叶斯理论上的分类方法。它的假设条件是自变量之间相互独立。简而言之，朴素贝叶斯假定某一特征的出现与其他特征无关。比如，一个水果是红色的、圆形的，直径大概 7cm，可能猜测它为苹果。即使这些特征之间存在一定关系，在朴素贝叶斯算法中都认为红色、圆形和直径在判断一个水果是苹果的可能性上是相互独立的。

朴素贝叶斯的模型易于建造，并且在分析大量数据问题时效率很高。虽然模型简单，尽管模型设计得相当简洁，但在许多情况下，它的表现却优于那些极为复杂的分类方法。。

⑥k—NN（k—邻近算法）。这个算法既可以解决分类问题，也可以用于回归问题，但工业上用于分类的情况更多。K—NN 先记录所有已知数据，再利用一个距离函数找出已知数据中距离未知事件最近的 k 组数据，最后按照这组数据里最常见的类别预测该事件。

距离函数可以是欧式距离、曼哈顿距离、闵氏距离和汉明距离。前三种用于连续变量，汉明距离用于分类变量。如果 k=1，那问题就可以简化为根据最近的数据分类。k 值的选取时常是 k—NN 建模的关键。

⑦k—均值算法。这是一种解决聚类问题的非监督式学习算法。这个方

法简单地利用了一定数量的集群（假设 k 个集群）对给定数据进行分类。同一集群内的数据点是同类的，不同集群的数据点不同类。

⑧ 随机森林。随机森林是对决策树集合的一个特有名称。随机森林里有多个决策树（所以叫"森林"）。为了给一个新的观察值分类，根据它的特征，每一个决策树都会给出一个分类。随机森林算法选出投票最多的分类作为分类结果。

⑨ 降低维度算法。在过去的四五年里，可获取的数据几乎以指数形式增长。公司、政府机构、研究组织不仅有了更多的数据来源，也获得了更多维度的数据信息。

当数据有非常多的特征时，可建立更强大精准的模型，但它们也是建模中的一大难题。怎样才能从 1000 或 2000 个变量里找到最重要的变量呢？这种情况下，降维算法及其他算法，如决策树、随机森林、PCA、因子分析、相关矩阵和缺省值比例等就能解决难题。

第五节　信息化技术发展与工程应用

一、发展现状及趋势

(一) 国外水利工程管理信息化建设研究现状

1998 年，美国前副总统戈尔提出了"数字地球"，之后，"数字水利"的概念也应运而生。它是在数字地球概念下局部的、更新专业化的数字系统。广义地说，数字水利就是综合运用遥感（RS）、地理信息系统（GIS）、全球定位系统（GPS）、虚拟现实（VR）、网络和超媒体等现代高新技术对全流域的地理环境、基础设施、自然资源、人文景观、生态环境、人口分布、社会和经济状态等各种信息进行数字化采集与存储、动态监测与处理、深层融合与挖掘、综合管理与传输分发，构建全流域可视化的基础信息平台和三维立体模型，建立适合全流域各不同水利职能部门的专业应用模型库和规则库，及其相应的应用系统。从狭义上讲，数字水利是以地理空间数据为基础，具有多维显示和表达水利状况的虚拟平台，是数字地球的重要组成部分。

由于国外 GIS 发展比较早，在 GIS 与水利的结合应用方面已经取得了一些成果。在水资源评价和规划应用方面，Gupta 等人实现将栅格型数据管理工具用于流域规划。随后欧洲一些研究机构也联合开发了具有水文过程模拟、水污染控制、水资源规划等功能的流域规划决策支持系统——WATERWARE。在此基础上，Bhuyan 等综合运用 GIS 及美国农业部开发的农业非点源污染模型 AGNPS，可很好地在小流域尺度上进行水资源和水环境评价。日本的 KenjiSuzuki 等也运用技术，通过对高分辨率的卫元数据进行处理，实现了雨养农业区域水土资源的评价。近年来，Carlo 等在 CGIS 平台上开发了 AgPIE 模型，评价由于农业生产造成的地表和地下水水质下降的程度。

在防洪减灾应用方面，Davis 将 HEC21、HEC22 与 GIS 相结合，对洪水、水质和土壤侵蚀进行了模拟，可很好地用于洪灾损失评估。德国 Goamer 公司研制了基于 GIS 的水动力学模型 Floodarea，用于界定洪水淹没范围，能够预警可能的洪水风险。JoySanyal 等针对发生在印度 Gangetic West Bengal 的一次特大洪水，运用遥感和 GIS 强大的空间分析功能，对易受洪水淹没的居民点区域进行了预测和分析。Overton 结合 GIS 建立了泛洪区洪水淹没模型，并在澳大利亚南部的 Murray 河进行了验证。在美国，突发事件管理委员会（FE2MA）已利用 GIS 技术用于淹没灾害管理，在灾害期间可以辅助预测水灾危害，如洪水峰值时间、洪水高度、为保证城市安全进行水量调配等，在灾后可以辅助政府部门和保险公司进行损失评估和灾后重建。

在水环境监测和水资源保护应用方面，美国国家环保局基于技术和地调局水文数据开发了全美河段文件。Debarry 在一个污染评价系统中利用 DLG 地形数据及土壤和地表覆盖多边形信息，计算了从每个流域输出的污染物的估计值，可用于水质监测和模拟。He 等人将 AGNPS、GRASS 与 GRASS Water Works 模型集成在一起，综合评价了非点源污染对美国密歇根州 Gass 河水质的影响。近年来，Boyle 等建立的 IDOR2D 系统将水污染模型与 GIS 集成；Lee 等在 Mokhyun 流域建立了基于 GIS 的水质管理系统 WQMS，利用水污染模型计算污染排放、预测水质。

（二）国内水利工程管理信息化建设研究现状

我国水利工程管理信息化建设起步于20世纪80年代，水利系统开始大量引进当时国际上先进的计算机设备和软件，如IBM的PC微机、VAX系列超级小型机、APOLLO工作站、SUP5分析计算软件包等。与此同时，各设计院、研究所和高校也研制了一大批应用软件，这些都推动了水利系统计算机应用水平的迅速提高。水文、防汛等部门在信息化方面同样做了大量工作，他们积累了大量基础资料和工程资料。20世纪90年代以来，国民经济的飞速发展对防洪减灾和水资源利用等提出了更高要求，水利信息工作更加受到重视。国际社会信息化浪潮也给水利系统带来了信息现代化的冲击。我国对信息化的进程十分重视，也促进了水利系统信息化进程的发展，水利部有关部门相继制定了"国家防汛指挥系统""水利部行政首脑办公决策支持服务系统"等信息化建设工程规划。进入21世纪以后，水利工程信息化建设的研究得到了深入发展。

1997年，结合全国水利信息化建设的条件，从软件工程学的原理、开发方法和技术入手，结合全国水利信息化建设的任务，论述了水利信息化应用系统的初步开发设想。

1998年，从国际信息化的发展现状、发达国家在信息化方面的举措、我国信息化的现状与发展趋势入手，对水利系统信息化现状进行了分析，指出虽然我国水利信息化建设取得了巨大进步，但仍然在信息基础设施落后和老化、各部门信息化工作的进展极不平衡、缺乏统一的信息标准、缺乏信息或信息工作覆盖面不广、缺乏高水平的专业人才、缺乏有效的管理、政策导向不够完善等9个方面存在不足，并从统一规划统一标准、拓宽信息的应用领域、依托水利部门内部具有人才和技术优势的科研院所和大专院校开展信息化关键技术的研究和攻关、加强对外联系向国外先进水平看齐等方面提出了我国进一步进行水利信息化建设的建议。

2004年，结合长江科学院近年来所开展的主要相关科研项目与技术成果，根据空间信息技术的发展趋势和对流域管理现代化的认识，展望了"数据仓库"技术在长江水利信息化事业中的应用前景。

2006年，对数据仓库技术在水利信息化中的应用进行了系统研究，同时指出要在水利行业更好地应用和发展数据仓库技术，就必须在进一步加强标准化、规范化的基础上，大力开展基础数据库建设，尤其是富有水利行业特色的数据库，如蓄滞洪区空间展布式社会经济数据库、雨情和水情数据库、水旱灾情数据库等。

2007 年，通过对空间信息技术发展现状的讨论，结合对水利部门信息化建设需求的调研结果，尝试将新的空间信息技术引入水利信息化管理建设中，以解决其现有的需求和问题。根据需求分析，结合数据库技术、网络技术等新技术，设计了一套与结构相结合的综合性的水利信息管理系统方案，并加以实现。系统主要包括二维信息管理、三维信息显示和洪水淹没分析系统三大部分，除了具有常规的信息管理功能外，还提供了强大的空间数据分析功能，该系统的设计改变了以往信息管理系统功能单一、效率低下的缺点，为水利信息化建设提供了新的发展思路。

2008 年，结合水利工程建设实例，分析了微波技术在现代水利信息化建设中的优势，不断满足水利对通信新的需求。为适应新的发展要求，利用微波技术组建了微波通信网，为数字集群系统和机房视频监控系统提供了稳定、可靠的传输链路，并在防汛演习等应急通信中发挥了明显作用。

我国政府和各合作项目方（如世界银行）都积极地投入水利工程项目信息化建设，开发了为数不少的管理信息系统，但这些系统仍存在不少问题。首先，从单个项目管理信息系统来看，目前的信息系统设计一般是按照水利资源管理信息系统的思路，以大型集成化工程项目管理系统——三峡工程管理信息系统为例，该系统包括编码结构管理、岗位管理、资金与成本控制、计划与进度管理、合同管理、质量管理、工程设计管理、物资与设备管理、工程财务与会计管理、坝区管理、文档管理等各模块。而一般项目管理信息系统包括进度管理、造价管理、设备管理、合同管理、财务管理、档案管理、材料管理、质量管理等模块。当然，由于水利工程项目本身的特殊性，二者很难完全一致，但从中不难发现二者的设计思路不尽相同。其次，从整体来看，该领域存在的问题主要有缺乏通用的信息系统、相似系统和相近系统不得不重复开发系统设计规划、没有前瞻性、造成系统升级能力和更新扩展能力较差、数据的格式和标准不统一、系统之间的数据转换和互操作性较差、各系统之间缺乏标准化和规范化接口系统、很难实现系统集成等。

归根结底，缺乏统一的信息化标准是出现这些问题的关键，应该指出的是，目前有些大型系统在设计开发时已考虑到标准化的工作，但由于整个信息化建设没有统一的通用标准，造成不同系统遵循的标准各不相同，系统间的数据共享更侧重于外部信息资源的交流。

2023 年，国家发布了一系列关于水利信息化的文件和政策，如《水利信息化发展规划（2023—2035 年)》《国家水利信息化基础设施建设规划（2023—2030 年)》等，为水利信息化的发展提供了重要的指导和保障。这些文件具有长远的战略性和指导性，明确了水利信息化在国家现代化建设中的地位和作用，以及水利信息化基础设施建设的具体规划和部署。

二、工程应用

(一) GIS 在水利系统中的应用

地理信息系统（Geographic Information System，GIS）是以地理空间数据库为基础，在计算机软硬件环境的支持下，运用系统工程和信息科学的理论，科学管理和综合分析具有空间内涵的地理数据，以提供对规划、管理、决策和研究所需信息的空间信息系统，对空间相关数据进行采集、管理、操作、分析、模拟和显示，并采用地理模型分析方法，适时提供多种空间和动态的地理信息，为地理研究、综合评价、管理、定量分析和决策服务而建立起来的一种计算机应用系统。

(1) GIS 在水利工程管理工作中的应用。水利工程建设与管理是一项信息量极大的工作，涉及水利工程前期工作审查审批状况、投资计划情况、建设进度动态管理、工程质量，位置地图检索、项目简介、照片、图纸等一系列材料的存储、管理和分析，利用 GIS 技术可以把工程项目的建设与管理系统化，实时记录水利工程建设情况，使工程动态变化能够及时反映给各级水行政主管部门。此外，其还可以对河道变化进行动态监测，预测河道发展趋势，从而为水利规划、航道开发以及防灾减灾等提供依据，创造显著的经济效益。

利用 GIS 技术、三维可视化技术构建三维工程模型中，建筑物之间的空间位置关系与实地完全对应，而且任意点的空间三维坐标可以测量，是真实三维景观的再现，这项技术的应用将使工程的设计和模型建立等方面更加科学、准确。

（2）GIS 水利工程管理应用效益。应用地理信息系统之后，完成各项任务与传统的方法相比，显示出许多优越性。具体来说，水利的优越性可以概括如下：

① 可以存储多种性质的数据，包括图形的、影像的、调查统计等，同时易于读取、确保安全。

② 允许使用数学、逻辑方法，借助计算机指令编写各种程序，易于实现各种分析处理，具有判断能力和辅助决策能力。

③ 提供了多种造型能力，如覆盖分析、网络分析、地形分析，可以用来进行土地评价、土壤侵蚀估计、土地合理利用规划等模式研究，以及编制各种专题图、综合图等。

④ 数据库可以做到及时更新，确保实时性。用户在使用时具有安全感，保证不读漏数据，处理结果令人信服。

⑤ 易于改变比例尺和地图投影，易于进行坐标变换、平移或旋转，以及地图接边、制表和绘图等工作。

⑥ 在短时间内可以反复检验结果，开展多种方案的比较，从而减少错误，确保质量，降低数据处理和图形化成本。

（二）GPS 系统在水利工程系统中的应用

全球定位系统（Global Positioning System，GPS）是一种结合卫星及通信发展起来的技术，利用导航卫星进行测时和测距，具有海陆空全方位实时三维导航与定位能力的新一代卫星导航与定位系统。由于定位的高精度性，并且具有全天候、连续性、速度快、费用低、方法灵活和操作简便等特点，使其在水利工程领域获得了极其广泛的应用，全球卫星定位系统以全天候、高精度、自动化、高效益等特点，成功地应用于大地测量、工程测量、航空摄影、运载工具导航和管制、地壳运动测量、工程变形测量、资源勘察、地球动力学等多种学科，取得了良好的经济效益和社会效益。

（1）地形测绘。传统的地形测绘基于测绘仪等基本测绘工具和测绘人员艰辛而繁重的工作，其实际效果常因测量工具误差、天气情况变化等诸多影响因素而不甚令人满意。特别是在水利工程中，相关的地形勘测是进一步设计论证的重要前提，但常常因地势地形因素，给实际工作带来相当大的麻烦。测绘的关键问题是找到特定区域的三维坐标纬度、经度和海拔高度。而这三个数据均可从一部 GPS 信号接收机上直接读出。此外，GPS 测绘方法还具有成本低廉、操作方便、实用性强等优点，并且与计算机 CAD 测绘软件、数据库等技术相结合，可实现更高程度的自动测绘。

（2）截流施工。截流的工期一般比较紧张，其中最难的是水下地形测量。水下地形复杂，作业条件差，水下地形资料的准确性对水利工程建设十分重要。传统测量使用人工采集数据，精度不高，测区范围有限，工作量大，时间上不能满足要求，而 GPS 技术能大大提高数据精度、测区范围等，保证施工生产的效率。利用静态测量系统进行施工控制测量，选点主要考虑控制点是否方便施工放样；其次是精度问题，尽量构成等边三角形，不必考虑点和点之间的通视问题。另外，用实时差分法 GPS 测量系统可实施水下地形测量，系统自动采集水深和定位数据，采集完成后，利用后处理软件，可数字化成图。在三峡工程二期围堰大江截流施工中，运用技术实施围堰控制测量及水下地形测量，并取得了成功。

（3）工程质量监测。水利设施的工程质量监测是水利建设及使用时必须贯彻实施的关键措施。传统的监管方法包括目测、测绘仪定位、激光聚焦扫描等，而基于 GPS 技术的质量监测是一种完全意义上的高科技监测方法。专门用于该功能的信号接收机实际上为一种微小的 GPS 信号接收芯片，将其置于相关工程设施待检测处，如水坝的表面、防洪堤坝的表面、山体岩壁的接缝处等，一旦出现微小的裂缝、开口，乃至过度的压力，相关的物理变化促使高精度信号接收芯片的记录信息发生变化，进而将问题反映出来。若将该套 GPS 监测系统与相关工程监测体系软件、报警系统相结合，即可实现更加严密而完善的工程质量监测。

（三）遥感技术在水利系统中的应用

遥感技术（Remote Sensing, RS）是一种综合性技术，它是利用一定的技术设备系统，在远离被测目标处，测量和记录这些目标的空间状态和物理特性。从广义上讲，可以把一切非接触的检测和识别技术都归为遥感技术。

如航空摄影及相片判读就是早期的遥感手段之一。现代空间技术、光学和电子学的飞速发展促进了遥感技术的迅速发展，扩大了人们的视野，提高了应用水平。

（1）遥感技术在水利规划方面的运用。水利规划的基础是调查研究，遥感技术作为一种新的调查手段，与传统的手段综合运用能为现状调查及其变化预测提供有价值的资料。现行水利规划的现状调查主要依靠地形图资料及野外调查，如果地形图资料陈旧，则需要耗费大量人力、物力和时间重新测绘。卫星遥感资料具有周期短、现实性强的特点，北方受气候条件影响较小，很容易获得近期的卫星图像，即使在南方，一般每年也可以得到几个较好的图像。根据卫星相片可以分析判断已有地形图的可利用程度，如果仅仅是增加了若干公路和建筑物，就可以只做相应的修测、补测或直接利用卫星相片作为地形图的替代品或补充。

水资源及水环境保护是水利规划的一项重要内容，可利用卫星遥感资料对水资源现状及其变化做出评价。首先，利用可见光和红外线波段的资料探测某些严重污染河段及其污染源，其中，可见光探查煤矿开采和造纸厂排废造成的污染，红外波段探查热废水排放造成的污染。其次，结合水质监测数据进行水环境容量评价，确定允许河道的水容量，再根据污染物的组成及含量测定值确定不同季节的允许排放量。利用卫星遥感资料及其处理技术可以确定不同时期的水陆边界及水域面积，因而可以把地形测量工作简化为断面测量，从而节省工作量与经费。此项技术已在珠江三角洲河网地区及河口获得成功应用。

（2）RS 技术在水库工程方面的运用。水库工程是水利建设的一项重要内容，不论防洪、发电、灌溉、供水都离不开水库工程建设。水库工程论证一般包括问题识别、方案拟订、影响评价、方案论证等几部分。论证的重点一般包括水库任务、工程安全、泥沙问题、库区淹没、生态环境评价、工程效益分析评价等。卫星遥感技术在水库淹没调查和移民安置规划方面具有应用价值和开发潜力。规划阶段的水库淹没损失研究一般利用小比例尺地形图做本底，比较粗略，且由于地形图的更新周期长，一般需要进行相当规模的现场调查进行补充修改。如果利用计算机分类统计等技术，可以显著提高工作效率和成果的宏观可靠性。在规划以后阶段的工作中，利用红外线或正影射航空相片制作正影射影像图进行水库淹没损失调查，避免人为因素的干扰，使成果具有较高的权威性，目前已得到越来越广泛的应用。

（3）RS 技术在河口治理方面的运用。河口治理的目标一般是稳定河床和岸滩，顺利排洪、排涝、排沙，保护生态，改善水环境等。多河口的河流要求能合理分水分沙，通航河流还要求能稳定和改善航道，有效治理拦门沙，这就需要大量的、全面的与区域性的包括水域和陆地、水上和水下地形、地质、地貌、水文、泥沙、水质、环境及社会经济调查工作，而卫星遥感技术可为自然和社会经济调查提供大量信息。

河口卫星遥感的基本手段是以悬浮泥作为直接或间接标志。通常选择合适的波段进行图像复合，经过计算机和光学图像处理和增强，突出浮泥沙信息，抑制背景信息和其他次要信息，以获得某一水情下的泥沙和水的动力信息。经过处理的图像上悬浮泥沙显得非常清晰、直观、真实，通过研究河流的悬浮泥沙与滩涂现状、演变、发展，为治理河口提供比较真实的资料。

（四）水利信息数据仓库在水利信息化管理中的应用

水利信息数据仓库在水利信息化管理中的应用主要体现在以下几个方面：

（1）水利工程基础数据仓库，主要包括以下信息：

① 河道概况。河道特征、河道断面及冲淤情况、桥梁等。

② 水沙概况。水沙特征值、较大洪水特征值、水位统计及洪水位比较、控制站设计水位流量关系等。

③ 堤防工程。堤防长度、堤防标准、堤防作用、堤防横断面、加固情况、涵闸虹吸穿堤建筑物、险点隐患、护堤坝工程等。

④ 河道整治工程。干流险工控导工程状况、支流险工控导工程状况、险情抢险等。

⑤ 分滞洪工程。特性指标、水位面积容积、堤防、分洪退水技术指标、滞洪区经济状况、淹没损失估算、运用情况等。

⑥ 水库工程。枢纽工程、水库特征、主要技术指标、泄流能力、水位库容及淹没情况等。

（2）水质基础数据仓库。完成数据库表结构的设计，在整编基础上，逐步形成包括基本监测、自动监测和移动监测等水质数据内容的水环境基础数据仓库，开发数据库接口程序和账务软件，为水资源优化配置、水资源监督管理、水资源规划和科学研究提供水环境基础信息服务。

(3) 水土保持数据仓库。规范数据格式，完成数据库表结构设计，逐步建立包括自然地理、社会经济、土壤侵蚀、水土保持监测、水土流失防治等信息的水土保持数据仓库。

(4) 地图数据仓库。采用地理信息系统基础软件平台，对数字地形图进行数据入库，建立地图数据仓库。地图数据仓库需具备多种 GIS 基础功能，包括不同比例尺地形图间的无缝图形拼接、图幅漫游、分层显示、分要素展示以及数据输出等。

(5) 地形地貌数字高程模型。利用地形图地貌要素或采用全数字摄影测量的方法，生成区域数字高程模型，直观表示地形地貌特征，并利用 DEM 进行各种分析计算，如冲淤量计算、工程量计算、库容计算、断面生成以及洪水风险模拟、严密范围分析等。

(6) 地物、地貌数字正影射影像。对重点区域、重点河段进行航空摄影成像，采用全数字摄影测量系统，编制数字正影射影像图，清晰、直观地表示各种地物、地貌要素。

(7) 遥感影像和测量资料数据仓库。搜集卫星遥感影像，编制区域遥感影像地图，并建立遥感影像数据仓库。根据不同时期的遥感影像，反映全区域治理开发成果，实现对本地区的动态监测。测量资料数据仓库包括各等级控制点、GPS 点、水准点资料，表示出点名、点号、等级、坐标、高程及施测单位、施测日期等。

(五) 虚拟现实技术在水利信息化管理中的应用

虚拟现实技术（VR）是利用计算机技术生成逼真的三维虚拟环境。虚拟现实技术最重要的特点就是逼真感与交互性。虚拟现实技术可以创造形形色色的人造现实环境，其形象逼真，令人有身临其境的感觉，并且可与虚拟环境进行交互作用。

现在，虚拟现实技术在水利信息化建设中的应用日渐广泛。

(1) 构建水利工程的三维虚拟模型，如大坝、堤防、水闸等三维虚拟模型，实现了水利工程三维空间示景。

（2）洪水流动和淹没的三维动态模拟，实现了三维空间场景中的洪水演进动画过程，三维场景中洪水淹没情况的虚拟展示。

（3）水利工程规划中枢纽布置三维虚拟模型，包括大坝、泄洪洞、发电厂、变电站等，为工程规划提供直观的三维视觉效果场景。

（4）云层和降雨效果渲染三维虚拟模型，模拟云层流动、降雨过程等动态效果。

（5）土石坝、碾压混凝土坝等坝料开采、运输、摊铺、填筑碾压及施工进度和形象的虚拟展示。

（6）防渗体系（防渗墙、防渗帷幕、灌浆）灌浆效果检验及三维动态模拟效果场景。

（7）安全监测布设、效应量三维虚拟模拟，三维场景演化的虚拟展示等。

第三章 水利工程综合自动化

第一节 水库水质、闸门远程及视频监视系统

一、水库水质监测系统的开发

(一) 系统的构成

水库水质监测系统由中心站和地表水现场监测站组成。现场监测站采用一体化多参数水质监测探头建站，监测最常用的水质参数。一体化多参数水质监测是指将多种传感器集成到一起，并配置自动搅拌和清洗装置，遥测设备可对各传感器进行精确的率定，采集数据准确，将采集到的数据以特定格式从自备的 RS232 标准接口输出。

(二) 水质现场遥测站

水质现场遥测站用来自动采集水质监测站的水质参数，并将数据及时传送到中心站。一体化地表水水质监测站监测的参数主要有水温、pH 值、溶解氧、电导率、浑浊度等。

常规五参数的测量原理如下：水温为温度传感器法，pH 值为玻璃或锑电极法，溶解氧（DO）为金—银膜电极法，电导率为电极法（交流阻抗法），浑浊度为光学法（透射原理或红外散射原理）。一体化遥测站数据采集过程如下：一体化探头定时采集各水质参数，以特定编码从 RS232 接口发送到数据采集及通信控制器。数据采集及通信控制器接收到数据后，进行格式归一化处理，再按统一的协议向中心站传送该数据。一般情况下，现场水质监测站与中心站通信的方式有电话、卫星、GSM 短消息三种，可根据需要选用。但考虑到水质监测站的地点和功能的特殊性，经过技术和经济比较，一般采用 GSM 手机通信方式完全可以实现，并且可节约投资。水质监测中心

站与水情测报系统中心站并用。

一体化探头是低功耗便携式设备，它可以用内置电池工作。由于系统工作方式为在线监测，一体化探头内置电池无法支持运行足够长的时间而必须频繁更换电池，维护工作量较大。因此，在一体化探头遥测站，由数据采集与通信控制器给一体化探头供电。为了保证在交流电源断电时，中心站仍可以了解到现场情况，数据采集与通信控制器配备了一定容量的蓄电池。在通常情况下，该蓄电池可保证在交流电断电情况下数据采集与通信控制器和一体化探头持续工作 96h 左右。监测遥测站由一体化地表水水质监测站、遥测终端、GSM 终端、太阳能板、免维护蓄电池等组成。

(三) 中心站

水质监测中心站可与水情测报系统中心站共享，需编制接收处理软件。监控中心是系统的实时显示部分，包括监测参数实时曲线、监测参数报警信息和监测设备状态信息。

水质监测站完成对地表水的实时监测，并以数值和棒形图的形式将监测到的水质数据显示在监控中心的监视屏上，对照地表水环境质量标准，当某项水质监测指标超标时，相应的项将显示红色闪烁的报警信号。系统应用软件实时分析出测站当前的水质类型。用户在此可向测站下发读 MEM、读状态、读 AI、读 DI 和读 IC 卡等用户指令。监测参数实时分析部分以曲线的形式描述了 24～72h 内某测站内某个参数的变化过程，以及该时段内参数的最大值、最小值和平均值等。监测参数报警信息部分以列表的形式描述了监测站的参数报警信息。监测设备状态信息部分提供水质分析仪器的当前状态和水质数据采集器的当前状态，并以列表的形式描述了水质分析仪器的故障信息和水质数据采集器的故障信息。

统计分析实现对某时间段内监控中心监测到的测站水质数据的查询，形成监测数据年、月、日报表和趋势曲线。在数据查询部分中，用户可以获得任意时间段内测站的监测数据。统计报表部分根据报表类型，分别求出测站每个监测参数值的时平均值(日报表)、日平均值(月报表)和月平均值(年报表)。趋势曲线部分提供测站每个监测参数的日过程线、月过程线和年过程线。

二、水库闸门远程监控系统的开发

(一) 系统开发的内容

本系统建设包括监控软件的开发、监控以太网的组建、现地监控单元（LCU）及其与上位机通信的设计、水位计和闸位计的选择及安装。一般来讲，放水闸闸门需监控的多少随需要而定，这里以三孔放水闸闸门需监控为开发研究对象。

(二) 闸门远程监控系统开发

可靠性是闸门远程控制系统最重要的性能指标，而可靠性又是由系统的各个环节共同构成与保证的，为保证系统的高可靠性，除了选用高可靠性的硬件设备外，还应采取以下措施：

（1）采取分层分布式系统结构。各现地监控单元功能和任务独立，在正常工作状态下处于系统的集中监控下运行，但在紧急情况或系统故障时，它又可独立运行，个别现地监控单元故障不会对系统或其他单元产生影响。

（2）系统软件选用国际先进并应用成熟的监控软件包为开发应用软件，确保系统软件的高可靠性和安全性。

（3）系统硬件均选用工业级产品或国际最新技术产品，确保高可靠性。

（4）系统软件及硬件具有监控定时器（看门狗）的功能。

（5）对操作指令的发布规定操作权限，命令传送需经过巡回与认证，数据采集要求经过合理性判别和处理，以防误操作。

（6）因系统在强电环境下运行，对系统的输入信号均采用光隔技术，现地监控单元采用浮空地技术；输出信号采用光隔加中间继电器隔离等保护措施，以防工业干扰和雷电的影响，减少数据出错和元器件的损坏。各现地监控单元与上位机的通信媒介为光缆，从而保证传输速率和防止雷电干扰。

（7）现地监控单元内设置设备运行故障判别程序，在设备出现故障时进行预警、闭锁保护，确保设备不受损坏。

(三) 现地监控层

现地监控层负责把现场的水位、闸位、电压、电流等参数和闸门的状态通过通信系统传送给集中控制层；同时，接收集中控制层的控制信号并加以执行，现地监控层由多个现地控制单元 (LCU)、水位计及闸位计组成。

1. 现地控制单元 (LCU)

现地控制单元 (LCU) 是闸控系统中最主要的自动化控制设备，因此，要求现地控制柜任务独立、功能独立，在集控层系统出现故障时，仍能独立自动完成各项控制任务。各控制柜上配置闸门操作按钮及闸门状态指示器，供操作员实施闸门控制并观察闸门的运行状态。

LCU 应具备以下功能：

(1) 自动采集闸门的开度、水位及设备运行状态。

(2) 设有操作按钮，供操作员实施闸门控制。

(3) 向上位机 (闸控工作站) 发送实时信息。

(4) 接收上位机操作指令，自动完成操作任务。

(5) 接收限位、过热等保护信息，构成软硬件互锁，提供设备安全保护。

(6) 具有故障及越限报警功能，当发生故障或某一参数超过规定值时，系统发出声光报警，以提醒操作员注意。

LCU 上设有操作方式选择开关，可以选择现场和上位操作，以两种方式进行互锁。现场操作时，操作员根据经验手动设置开关操作闸门的启闭。

为了增加系统的可靠性，在可编程控制器 (Programmable Logic Controller, PLC) 发生故障时，现场操作仍起作用，现场和上位操作要完全分开，即现场操作不经过 PLC。

2. 水位计及闸位计

在水利信息化建设中所使用的水位传感器主要有浮子式水位传感器、压力式水位传感器、超声波式水位传感器、感应式液位传感器等。各种传感器的使用范围、性能指标等有一定差别。考虑到水库一般冬季结冰，而水位传感器长期处于野外工作的特殊性，建议选择压力式水位传感器，闸位传感器选用数字式闸门开度仪。

3. 控制逻辑

现场手动控制与上位控制是完全分开的，现场手动控制逻辑比较简单，这里仅对上位控制逻辑进行说明。当选择上位控制方式时，现场手动控制不再起作用。

（1）供水控制。上位机把每天供水量对应的各孔闸门的开度（这一步由上位机通过软件系统实现）分别传递给对应 LCU 中的 PLC，PLC 把设定闸门开度与实际闸门开度进行比较，根据比较结果去控制闸门启闭，从而实现闭环控制。

（2）泄洪控制。系统可以自动监测水库水位，当水库水位高于汛限水位时，能自动控制闸门泄洪。当水库水位高于汛限水位时，或者根据水库调度系统的需求，系统发出报警信号提醒操作人员，此时上位机会向 PLC 发送信息，表示入库水量与水库最大泄流量的大小关系。在入库水量小于水库最大泄流量的情况下，控制闸门使入库水量与出库水量相等，保证水库水位不超过汛限水位；若入库水量不小于水库最大泄流量，则要把泄洪闸全部打开进行敞泄，或者调度系统发出泄水的指令后，由自动化系统实现指令要求。

4. 通信

系统中心站与闸门监控站之间相距不远时，宜采用有线通信方式（通常距离小于 1 km）。针对水库现场情况，建议利用水库办公楼机房到闸室的光纤以太网进行通信。

5. 集中监控层

集中监控层通过通信系统读取现场数据并下达操作命令，对采集到的数据进行处理，以报表文件的形式把需要的数据保存下来。另外，集中控制层还留有接口，便于管理层调取数据。

（1）集中监控层的组成。集中控制层由 I/O 站、历史数据服务器、Web 服务器及工作站组成。这些功能既可以集中在一台工控机上，也可以由多台计算机分担。若由多台计算机分担不同的功能，则这些计算机需要由分布式以太网连接起来。水库综合自动化闸门控制系统中，集中监控层一般由多台计算机组成，包括闸房操作站、中心控制站及数据服务器兼 Web 服务器。在泄洪闸室内设有一台计算机集中监控溢洪闸，同时它也作为 I/O 服务器，为其他工作站提供数据。

（2）监控软件设计。监控软件是集中监控层的核心部分，它不仅提供良好的人机界面，把现场数据简洁地显示出来，当没有操作接口供操作人员实施闸门操作时，还提供各种与外部连接的接口。

建立本地历史数据库把需要的数据（水位、闸位、流量、库容等）保存下来，同时提供比较便捷的查询接口，用户只要输入要查询的内容、时间，系统就会以数值和趋势图两种方式输出数据。

（3）提供报警和记录功能。当某一数值超出设定范围或设备发生故障时，现场和上位皆发出报警，上位机弹出报警框，提醒操作人员。同时，报警的时间、内容和报警时的操作员将被记录下来。

（4）为了便于管理，采用"一人一码"的管理方式。即每人一个密码且权限不同，只有以自己的名字和密码登录后才能进入系统。设有系统管理员级、设备检修及维护员级、值班操作员级等级别。登录后，操作员进行的一切操作均被记录在系统中。

（四）远程遥控设计

采用 B/S 方式，用户可以随时随地通过 Internet/ Intranet 实现远程监控，而远程客户端可通过 IE 浏览器获得与软件系统相同的监控画面。水库局域网内部如办公室的电脑通过浏览器实时浏览画面，监控各种数据，与水库局域网相连的任何一台计算机均可实现相同功能。

（五）水库调度与闸门自控的实现

闸门远程监控系统是一个以计算机为中心的信息决策处理系统，可实时接收系统内水情信息、闸门运行工况及与闸门监控有关的其他信息。同时，可以根据这些实时信息和调度方案做出系统闸门实时调度运行的命令，通过数据通信向各闸门监控终端站发布调度命令，并实时监控各闸门的运行情况，对突发异常情况立即发出故障处理命令，以保证系统的安全可靠和正常运行。闸门远程监控系统根据各水闸所承担的任务及规定的调度原则，结合系统内各项实时运行的数据，实时、合理、优化监控闸门的开启和关闭，以调节水位和过闸流量。

1.水闸控制与调度原则

水闸控制与调度应遵守以下原则：

（1）以大坝安全监测系统提供的数据为基础，在保证水工程安全的前提下，尽可能地综合利用水资源，充分发挥水闸的综合效益。

（2）应与上下游（闸前后）河道堤防的排、蓄水能力和防洪能力相适应。

（3）按照规定的水利任务的主次、轻重，合理分配水量。

（4）必须遵守闸门启闭操作规程，均匀、对称地启闭闸门，以满足水闸工程结构的安全防护要求，延长其使用寿命。

2.一般闸控中心对水库闸门的控制方式

一般闸控中心中水库闸门的控制有以下几种方式：

（1）定流量控制。给定过闸流量，在上下游水位变化、过闸流量发生一定量的变化时，系统自动根据事先给出的方案进行闸门开度的调整，以保证过闸流量基本不变。

（2）定水位控制。给定上游或下游水位值，在水位发生一定量的变化时，系统自动根据事先给定的方案进行闸门开度的调整，以保证被控水位基本不变。

（3）群控。当水库闸门有多处时，为保证水库水位或每条供水渠的水情，闸控系统可根据调度方案进行自动群控调度。

水库担负着供水、防洪等功能。当水库水位超过汛限水位时，水库开闸泄洪，系统自动判断入库流量与水库最大泄洪流量的大小关系，若入库流量小于水库最大泄洪流量，则控制泄流量与入库流量相等，维持汛限水位不变，否则系统控制闸门开到全开位置进行敞泄。大多数情况下，水库闸门远程监控系统采用定流量控制和群控相结合的控制方式。

三、水库视频监控系统

（一）系统概述

水库视频监控系统主要用于对水库的水文情况、水库大坝、周边环境、进出水口、水电站及重要公共设备进行 24h 监控。建立水库视频监控系统可实现对水库周边环境安全的实时监控，及时发现事故隐患，预防破坏，减少事故，最大限度保护国有资产及人民群众的生命财产安全。

(二) 设计原则

水库视频监控系统是一个既完整又独立的系统。该系统在开发时根据"严密、合理、可靠、经济、完善"的设计理念，努力做到安全、周密，并兼顾其他。为达到最佳效果和最优性能价格比，系统开发时遵循以下原则：

1. 技术先进性和可靠性

系统设计严密、布局合理，能与新技术、新产品接轨，采用当前先进的、具有较高可靠性的技术。

2. 成熟性和稳定性

系统规模较大、构成复杂，为保证系统的实用性，在考虑系统技术先进性的同时，从系统结构、技术措施、设备性能、系统管理及维修能力等方面着手，选用成熟的、模块化结构的产品，使单点故障不会影响整体。确保系统运行的稳定性，达到最大的平均无故障时间。

3. 经济性和完整性

系统设备齐全、功能完善，并实施综合管理。系统建设始终贯彻面向应用、注重实效的方针，坚持以需求为核心，注重良好的产品性价比；同时，为保证系统在实际工作中更好地发挥作用，应从整体上考虑系统技术手段的选择和前端设备的分布，确保系统能够有效控制各个流程及安全防范工作的各个关键环节。

4. 开放性和标准性

为满足系统所选用的技术与设备的协同运行能力，系统采用标准化设备，并在开发上注重层次的切割与封装，允许其他应用的接入、调用及不同厂商标准化设备的兼容，从而使系统具有开放性。

5. 可扩展性和易维护性

系统具有扩展功能，并留有余量，且无论操作者对系统进行设置还是保障系统日常运行，均可通过对键盘进行简单操作即可实现。

(三) 系统构成

水库视频监控系统主要包括现场图像采集部分、视频解码输出部分、视频记录部分、显示及集中控制部分等。其中，现场图像采集部分由摄像机及辅助设备组成；视频解码输出部分及视频记录部分包括视频解码器、硬盘录像机等。该系统详细介绍如下：

（1）前端采集系统。前端采集系统是安装在现场的设备，包括摄像机、镜头、防护罩、支架、电动云台及云台解码器。其任务是对被摄对象进行摄像，把摄得的光信号转换成电信号。

（2）传输系统。由视频线缆、控制数据电缆、线路驱动设备等组成。其作用是把现场摄像机发出的电信号传送到控制室的主控设备上。在前端与主控系统距离较远的情况下，需使用信号放大设备、光缆及光传输设备等。

（3）主控系统。主要由硬盘录像机（视频控制主机）、视频控制与服务软件包组成。其作用是把现场传来的电信号转换成图像并在监视器或计算机终端设备上显示出来，并且把图像保存在计算机硬盘上；同时可以对前端系统的设备进行远程控制。

（4）网络客户端系统。计算机可以在安装特定的软件后，通过局域网和广域网访问视频监控主机，进行实时图像的浏览、录像、云台控制及录像回放等操作；同时可不使用专门的客户端软件而使用浏览器连接主机进行图像的浏览、云台控制等操作。这种通过网络连接到监控主机的计算机及其软件组成了网络客户端系统。

（四）系统的主要功能

水库视频监控系统的主要功能是完成监控中心对各个监控点的图像回传后的显示与记录，并且可实现视频记录回放及集中控制等。在中心服务器房设置数字硬盘录像机，可将回传的图像进行数字化的硬盘录像，并且可控制前端的摄像设备及周边设备。

1. 系统的基本功能

（1）系统能自动通过摄像机进行跟踪，进行实时监视。系统平时的工作方式为各摄像机循环扫描全面监控，监控人员可以任意放大观看任何一台摄像机的画面。系统可以按时间划分不同的工作模式，设置不同的参数，如每天不同的时段、星期几、每月的几日到几日。此外，系统也可以实现无人值班。

（2）通过调整摄像机，可以清楚地看到现场情况，分辨进出情况及移动物体。

（3）录入的图像经数字化压缩存储在计算机硬盘里，压缩比可用软件进行调整。存储的图像文件自动循环删除，硬盘中图像文件保留的时间取决于硬盘空间大小、图像分辨率、图像压缩比、扫描切换时间等，系统可以日复一日、年复一年地无休止工作。此外，还可以根据用户需要，加大硬盘以扩展存储周期，或增加其他外存设备。

（4）系统可以随时、方便、即时地检索、回放记录存储的图像，如可按时间、地点（镜头）或图像文件进行检索和回放。回放图像稳定、清晰，且可反复读写，不存在传统监控系统所存在的录像带信号衰减和磨损问题。

（5）系统利用计算机强大的图像处理功能，不仅可以对采集的图像进行处理，包括画面修改、编辑、调节、放大、缩小及打印等，也可以用其他专业图像处理软件将图像保存为通用数据文件格式。

（6）全数字智能监控系统设有安全密码，没有权限的人员不能对监控系统进行查询、设置、删除文件等操作。一旦遇到意外断电，系统可以自动恢复工作。

（7）系统预留有报警接口，将来可以连接主动探测器或被动式紧急按钮，增加对突发事件的报警录像功能。

（8）系统具有运动目标检测技术，可以在画面上直接用软件进行设防。

（9）系统可以与其他计算机联网。

（10）开机后，系统可直接进入监控状态。

（11）计算机可以同时存储并显示来自多个摄像机所捕获的全部动态画面。

（12）计算机硬盘存储图像。系统将摄像机记录的图像全自动数字压缩储存在计算机硬盘上，借助无终止缓冲技术，使计算机硬盘自动循环记录，日复一日、年复一年无休止地自动保留存储图像。

（13）该系统克服传统系统的不足，具有良好的人机界面，使操作更加简单易学、更加直观，日常维护更加容易。系统设置简单直观，可以根据时间、日期及报警输入等具体要求，对每台摄像机的记录情况进行设定。由于采用计算机控制，只要事先设置好，就可以实现全自动化管理、程序化运行，从根本上实现无人值守。

2. 系统安全管理

系统具有配置管理功能，当操作人员变更或增加、删除系统中被监控的对象及调整报警系统参数时，用户均可通过应用界面改变系统配置文件来完成系统配置。

系统具有完善的操作管理功能。一是加大网络安全硬件资源建设，购置防火墙、入侵防御等安全设备。二是落实国家信息系统等级保护规定，对信息系统开展安全测评。三是加强监测预警管理，实现网络数据实时采集分析和安全预警。为保证系统安全，使用某些功能时必须输入密码，经系统确认后方可进入系统进行操作。操作密码设有不同等级，以限制不同人员的操作范围。同时，所有设备都应有操作记录，包括操作人、被操作设备、操作日期、操作时长等，以便系统对操作记录进行查询、统计、分析。

系统可根据用户需要，生成各种形式的统计资料、交接班日志。

3. 系统可扩展功能

系统具有强大的图像远程传输、远程分控功能，可通过局域网实现图像的远程传输及云台、镜头控制，并且能实现分级分控等功能。因此，从未来发展考虑，在配置网络传输控制设备后，可实现几个水利系统视频监控的综合联网，将水库的视频监控信号集中到上级部门，对全部监视点的图像进行显示和控制。

（五）前端系统设计

1. 前端系统组成

前端系统主要由摄像机、镜头、防护罩、电动云台与支架、云台解码器组成。其中，摄像机与镜头安装在室外防护罩内，为保证摄像机与镜头在室外各种环境下均能够正常工作，防护罩需具有通风、加热、除霜、雨刷功能，云台为摄像机提供安装底座，同时可进行水平360°电动旋转与垂直90°俯仰动作，以完成全方位覆盖；解码器一方面给摄像机、镜头、云台提供各自所需要的供电电源，另一方面完成与监控主机的通信，将监控主机发送的控制数据转换为云台能够识别的控制信号，驱动云台进行操作。

2. 监视点分布

由于水库面积较大，大部分区域为水面，即使仅覆盖全部岸边区域，也需设置大量监视点才能达到全部覆盖。若要对水面进行覆盖，很多监视点需要使用焦距范围很大的特种镜头，设备投资巨大，因此，水库视频监控系统只需对水库管理范围内的关键点进行覆盖即可。

水库视频监控的关键点主要包括坝区与库区关键点。其中坝区尽量全部覆盖，库区根据水库库区规划选择关键点。监控点一般要满足以下区域要求进行布设：

(1) 溢洪道闸房。监视溢洪道闸房内部。

(2) 取水洞闸房。监视取水洞闸房内部。

(3) 溢洪道下游。监视大坝下游区域动态。

(4) 办公楼。监视点位于办公楼楼顶，监视中心周边动态。

(5) 坝顶。监视点位于溢洪道管理房顶，监视大坝坝顶、大坝中段周边动态。

(6) 大坝左 (右) 侧。监视大坝左 (右) 侧及周边动态。

(7) 大坝上 (下) 游。监视大坝上游左侧和右侧及周边动态。

以上监视点基本涵盖了水库的各个关键区域。

3. 前端设备设计

在水库视频监视系统中，摄像机基本上是在室外安装，各监视点的监视目标主要是人员的活动及监视是否有异常物体出现，监视点的监视区域不是固定的一点，而是覆盖一定范围的一个圆形或扇形区域。基于以上因素，前端设备基本类型可以确定为：

(1) 摄像机与镜头。摄像机需具备良好的清晰度，采用电动变焦镜头、自动光圈，具备低照度拍摄功能。

(2) 防护罩。室外护罩需具备寒冷气候下可正常工作的能力，尺寸根据摄像机与镜头尺寸确定。

(3) 电动云台。水平 360° 旋转、垂直 90° 俯仰，与防护罩类型和尺寸配套。

(4) 云台解码器。220V 交流供电。

第二节　水闸（闸群）自动监控

一、概述

（一）水闸（闸群）自动监控进展

我国所建的水工建筑物中，水闸占有很大比例。这些水闸在防洪、抢险排涝、抗旱及水资源的分配中起着重要作用。但是长期以来水闸的运行管理一直依靠人工管理，费时费力，严重制约着其效益的发挥。随着国民经济的发展，以及科学技术的进步，对水闸实行自动控制（或对闸群实现集中监控）是水利工程管理科学化的必然。

闸门自动监控系统是先进的实时数据采集与控制系统。系统建立在现代通信技术、自动控制技术、计算机技术、自动远动设备及现代量测技术的基础之上，同时涉及信息论、继电线路理论和自动调节理论等来共同完成对目标系统的监测与控制，实现由中心控制站对被控子站闸门的运行管理，主要用于灌区、水库、水电厂、河道、供水渠等的闸门控制。被控制的闸门可以是平板门、弧形门或快速门，运动方式可以是卷扬机方式、液压方式或螺杆方式。一些工业发达国家，尤其美国，很早就研制了水库和电站的大中型闸门组的自动监测和控制系统，实现库水位、泵站、电站和引排水枢纽的计算机控制。

（二）水闸（闸群）自动监控的特点

（1）水闸一般建在野外，暴露在空气中，水闸实现自动化控制多需要采用远动技术，尤其在水资源分配系统中，需要对多座闸门联合调度，当采用自动化技术时，应采用中央集中监控系统。该系统称为远距离综合自动化系统，通常我们称之为闸群远方监控系统。

（2）水闸自动化设备工作条件十分恶劣，很多设备装置常需要安装在野外，运行的气象条件复杂、环境差。此外，有些设备所在地点交流电源供电不稳定，因此，在研制和选择设备时必须特别注意在设备的稳定性、可靠性上下功夫，使设备在恶劣条件下能够安全运行，同时要考虑设备有较灵活的供电方式，如耗电量少的弱电设备可以采用太阳能电池板充电的蓄电池组。

（3）由于河、渠中的水流往往是非恒定流，而水流又具有时滞性，这两点会严重影响水闸自动化装置的稳定性，对此要有充分的估计。例如，利用水闸来控制渠道中水位为一恒定值时，可能此刻因下游水位低而自动装置指令执行机构使闸门开度加大，刚开大后，下游水位又超过给定值，于是自动装置又指令执行机构关小闸门，再过一刻，水位又低于给定值，于是闸门开度又需加大，如此反复，系统就呈现一个振动的、不稳定的状态。这对自动化系统极为不利，设计时一定要避免此种情况的发生。

（4）水闸自动控制系统对可靠性和稳定性要求高，且其抗干扰能力强，而对动作时间的要求相对工业控制系统要宽。在系统结构上，一般是控制点与被控制点之间的联系，而各被控制点之间联系较少。

（三）闸群自动监控系统结构

闸群自动监控系统一般分为两个层次：第一层为中央控制室，常设在水利工程管理机构所在地；第二层为测控站，设在被控闸门所在地或附近。对于大型水利工程系统，其闸群自动监控系统一般分为三个层次，如江苏省大运河监测调度系统的控制中心设在江苏省水利厅内，而控制分中心则设在闸群相对集中的管理单位内，如江都、淮阴等。分中心下辖数座乃至数十座大中型水闸，各闸的运行调度由分中心负责，并向控制中心报告和接收有关指令等信息。

1. 中央控制室组成结构

中央控制室也称测控调度中心，一般为了与行政管理机构相适应而设在管理单位内，其组成结构与水情测报中心大体相同。事实上，在水利工程管理现代化过程中，若建设多个自动化系统，则往往共用一个中央控制室，使得资源共享。各有关设备也可互相利用、互为备用。

2. 监控终端站

监控终端站是闸群监控系统的主要信息源及命令执行者，主要任务是根据中央控制室的预测查询指令自动采集本站点的水情或工情数据，并发送给控制中心，或根据控制中心调度指令控制闸门运行。监控终端站一般由各类传感器、通信设备、RTU、中间继电器矩阵、电源等组成。

　　其中传感器部分应根据实际情况设置，如一座水闸有若干个（孔）闸门，原则上每个闸门上都需安装闸门传感器。上下游均应有水位计。有关工情的传感器可检测如电源电压、工作电流，闸门运行在开、关、停的状态，以及限位开关（防止控制系统失灵而引起破坏性后果）的工作状况等信息。

　　水闸一般地处郊野，电源保障率不高，有条件的地方，特别是大型水利工程应自备发电机。同时应有直流备用电源，以保证停电时仍能保持弱电部分工作，保证检测数据不丢失并与中央控制室保持联系。

二、闸门自动监控系统总体设计

（一）系统总体设计的一般原则

　　闸门自动监控系统要求信息搜集及时，闸门调度稳定可靠，闸控保护与配电保护设施完善。根据以上特点，结合设计运行的要求，自动化系统的设计应遵循以下原则：

　　（1）在具备基本功能的前提下，将设备的实用性和可靠性放在首位，并强调安全检测措施与安全控制措施，避免设备失误和设备故障运行。

　　（2）针对存在于闸门和配电室周围的各种不利于系统的诸多电磁干扰源，特别是雷电和强电干扰，系统应具有抵抗恶劣环境的工作能力。

　　（3）采用参数应答式工作体制。

　　（4）力求操作简单，维护方便。

　　（5）对于闸群控制组网结构要简明、灵活，便于扩充。

　　（6）闸群自动监控系统应与水情自动测报系统相配合，其水情自动测报应按《水文自动测报系统技术规范》（GB/T 41368—2022）执行，并符合用户的实际需要。

（二）系统工作体制的选择

　　早期的闸门自动控制系统多采用集中控制方式，即由中央控制室统一直接监测与调度控制。这种工作体制由于功能过于集中、命令信息传输量大等，导致系统运行可靠性降低，已逐步被淘汰。

　　目前闸门自动控制系统有三种工作体制，可根据系统规模和要求来选择。

1. 可编程控制器系统（PLC 系统）

PLC 系统适用于现场的测量控制。其现场测控功能强、性能稳定、可靠性高、技术成熟、价格合理、使用比较广泛，但它只局限于通信场合，在闸门自动化中可用于单闸就地自动控制。

2. 分布式数据采集和监控系统（SCADA 系统）

SCADA 系统属中小规模的测控系统。系统主要由远程控制单元 RTU、通信网络及控制中心三部分组成。它既具有现场测控功能强的特点，又具有信息资源系统共享的组网通信能力。其中一些系统既可配有线通信系统，又可配无线通信系统，而无线通信系统尤为适合地域广阔的应用环境。

SCADA 系统主要应用于水利、石油、供电等行业中，在地理环境恶劣或无人值守的情况下进行远程控制，该系统性能价格比高，在中小规模闸群自动控制和水利枢纽自动控制中已有许多应用案例，并有广泛应用的推广前景。

3. 集散型分布式计算机控制系统（DCS 系统）

DCS 系统是当今国际上流行的大规模控制系统，采用标准总线结构。该系统分为两个层次：上层为中心管理级（中心站），下层为现场控制级（闸控站）。全系统由中心站主计算机统一进行管理，主要是对闸控站（包括水位站）进行自动监视、数据记录保存、状态报告、下达调控指令及人机界面操作等。而闸控站则采用分布式控制结构，各站在本站主计算机的管理下，分别由各自独立的 CPU 终端管理，独立完成本号闸门的监视、控制及其与主机的通信等。

DCS 系统适用于测控点较多、测控精度高、测控速度快的场合，可分散控制和集中监视，具有组网通信能力高、测控功能强、运行可靠、易于扩展、组态方便、操作维护简便等特点，但系统成本较高。我国已有部分研究院所（如南京水利水文自动化研究所）研制出了 DCS 系统，并成功运用于水利工程管理中。

(三）系统总体功能设计

1. 中心站主要功能

（1）中心站对闸门进行实时监视和控制，通过显示屏或监视器观察闸门运行状态。

（2）中心站对接收的闸门实时数据进行处理后，依用户所提供的模型或要求进行存储、显示或打印。能实现操作命令记录、操作结果记录，具有资料存储、检索、查阅的能力。

（3）中心站根据水位数据与供电监测的数据，决定是否调度并按照闸门调度运行方案进行群闸实时调度，由计算机发出调度指令，自动控制相关闸门的运行。

（4）控闸过程中，中心站计算机实时对被控闸门及供电质量进行监视和管理，若现场出现控制故障，则能实时报警，并提示相关的故障现象，也可存储、打印相关记录。

（5）自动实时接收水情遥测系统所需测站的水位、雨量数据，实时自动接收闸前、后水位站发来的水位信息并转发给闸控站。

（6）通过有线或无线通信，中心站可将所需的闸门信息、水位信息或电参量信息发送至上一级监控中心。

中心站根据需要，可选择配备同步闭路电视监视系统，实时观察远方闸门的动作，作为闸门计算机控制系统的辅助监视手段。

2. 闸控站

（1）自动采集闸门开度（闸位）和有关配电开关状态、电压、电流、压力等工况参数，误差与精度满足规范要求，并将参数自报给中心站，同时能响应中心站计算机发来的召测命令。

（2）自动监测系统参数，判别电动机是否具备启动运行条件。

（3）根据闸门调度运行方案，随时接收中心站计算机发出的闸门遥控指令，确认正确无误后，启动控制电路，控制相应闸门的升、降、停的操作，并实时反馈控制终端所监测闸门的各项参数及现场工况，控制精度满足用户要求。

（4）若在闸门运行过程中出现倾斜、卡孔、越限、过速、反向运行及供电不正常（如电压、电流越限、过流断相）等故障，应立即停机并发出警告，同时向中心站发送有关信息，标示出可能的故障类别。

（5）具备本地／远方切换测控的功能。进行本地的操作控制主要是方便现场的功能调试、故障检测和维护。

此外，应留有人工操作方式、装备应急开关等。

三、水闸自动监控的主要功能部件

任何一个自动化系统都需要各种各样的部件相互配合才能完成自动化任务，但对于一个具体的自动化系统，它既有与其他自动化系统相同的部件，如放大部件，执行部件，也一定有与其他系统不同的部件。现就水闸自动监控系统的一些共性部件作重点介绍。

（一）测量传感部件

在水闸自动监测系统中常用的测量传感器件有闸位传感器、水位传感器等，以对供电情况、闸门运行工况、系统非正常工作状态和一些开关量等现场工况进行测量。闸位传感器又称闸门开度传感器（其原理在很大程度上与水位传感器相似），根据输出信号的不同类型，可分为模拟式闸门开度传感器和数字式闸门开度传感器。

早期的模拟式闸门开度传感器一般以精密线绕多圈电位器作为传感器件，将闸门启闭机滚筒的转动通过传动装置引至电位器的旋转轴，在闸门启闭的过程中，电位器旋转轴跟着转动，使得电位器的动臂与某一固定臂之间的阻值随着闸门的升降而变化。当在电位器的两固定臂施加一电压时，即可从动臂取走一电位值。这种传感器的优点是结构简单、成本低廉且信号传输只需要三芯电缆、传输费用低、系统停电时不会丢失闸门开度信号。其不足之处是电信号有一定温度，但基本能满足水利工程中测量闸门开度的要求。

数字式闸门开度传感器又分为计数式和直接编码式两种。其中，计数式传感器的工作原理是对闸门启闭机某一转动轴的角位移通过计数脉冲进行计数。这种传感器数据的记录过程和保存都需要电源支持，一般备有可以浮充电的电池，其输出的数据格式可以是二进制、BCD 码或格雷码。这种传感器的使用可靠性主要取决于充电电池，一旦电池失效，则该传感器中的数据将全部丢失。因此，这种计数式闸门开度传感器应用较少。

直接编码式闸门开度传感器是将启闭机某一转动轴的角位移通过码盘、微动开关、光电器件或黑白条码直接按某一码制进行编码输出，它的数据不需要借助电源来记录和保存，它的可靠性取决于码盘及其触针的可靠接触寿命、微动开关的机械和电气寿命、阅读黑白条码的光电器件的寿命。事实上，半导体光电器件的寿命最长，是直接编码式闸门开度传感器的首选。但这种传感器易出现较大的回旋差，即码盘从一个转动方向改变为相反方向转动时，在开度的一定变化范围内，传感器的输出数据无变化。近年来，为消除回旋差、提高精度，进行了许多改进，如在传感器全量程范围内增加其码盘转数（最多已达 128 圈），增加每一圈分辨数据等。

（二）通信道

在闸群自动监控系统中，通信道是一个极其重要的部分，这不仅由于通信道的可靠性、稳定性直接影响整个系统的工作，而且由于有时通信道是系统里价格最为昂贵的一部分。以下介绍闸群自动监控系统通信网络的工作方式。系统通信网络主要用于闸控站与中心站的通信，也包括闸控站之间或与水位站之间的通信。通信链路种类可以是有线或无线的，常用的有超短波、微波、光纤和电缆等。通信方式一般采用全双工应答方式，即由中心站触发通信和闸控站触发通信。

中心站触发通信方式包括巡检轮询方式、广播方式和控制命令下发方式。闸控站触发通信方式包括事件触发方式和突发传输方式等。

（三）远程控制单元（RTU）

远程控制终端可以由各种各样的元器件或部件组成。为了适应远程控制的需要，国内外一些研究部门和生产厂家将远程终端站的主要控制部件组装在一起，称为远程控制单元（RTU），RTU 具有工作可靠、性能稳定、功能齐全（并可选择）、抗干扰能力强等一系列优点。经过多年的改进和提高，现在已有许多定型的、性能优越的 RTU 面市。RTU 的主要作用是进行本地控制及数据采集，在进行本地控制时作为系统中一个独立的工作站，RTU 可以独立地完成连锁控制，包括前馈控制、反馈控制及控制调节等；进行数据采集时作为一个远程数据通信单元，完成或响应本站与中心站或其他站的通信和遥控任务。

RTU 的主要配置有 CPU 模板、含存储器的 1/O 模板、通信接口单元及通信机、天线、电源、机箱等辅助设备。RTU 执行的任务流程取决于下载到 CPU 中的程序。CPU 的程序可用工程中常用的编程语言编写，如 C 语言、汇编语言等。

在闸群自动监控系统中，RTU 起比较、放大变换、计算和控制、信号的接收与发送等作用。RTU 可定期或随机采集测量传感部件的输出数据并进行处理，经编码后发送到控制中心，同时可在现场进行打印、显示、存盘等。RTU 接收控制中心指令，提供数字量输出，实现对闸门的自动控制。

RTU 允许进行闸门控制的编程。同时，RTU 有一个为警告和事件的时间标记而设计的实时时钟；RTU 能定期查询报告自身特殊情况，当数据超过上下限时，将由 RTU 自动传送，直到被中心计算机获知，RTU 软件可诊断和判断 RTU 本身和传感器是否正常等。

第三节　水利工程安全监测自动化

一、水利工程安全监测自动化现状

近年来，通过不懈努力，我国在大坝安全监测领域的监测仪器和数据自动采集系统研制及数据处理分析方法研究等方面均接近或达到国际先进水平，但结合我国大坝安全管理现状，以及为实现大坝安全管理快速、准确、高效的现代管理目标，目前我国大坝安全监测自动化水平与国际先进水平还有很大差距。因此，我国需要应用现代技术的最新成果，结合我国的大坝安全监测自动化的实际情况，开发功能更为全面和强大的系统，主要包括以下三个方面：

(1) 实现在线监控。在线监控包括在线监测 (数据采集)、在线检验与计算、在线快速安全评估三个主要部分。其基础是实现在线数据采集，核心是在线快速安全评估，即一次数据采集完成后，利用该次实测数据 (或实测数据的变化速率) 与监控指标 (或监控模型或某一界限值) 进行对比、检验，以简便、快速地评估、判断当前所采集的数据是否正常，若测值异常，则进行技术报警。

（2）研究开发分析评价专家系统，实现大坝安全状态的综合评价。

（3）利用计算机、通信和网络技术，实现大坝安全监测为安全管理服务的总目标。

二、安全监测自动化常用的监测方法、仪器和数据采集系统

（一）常用监测方法

大坝安全监测自动化常用的监测方法有正（倒）垂线、引张线、大气（真空）激光准直、液体静力水准、测压管、量水堰、排水管等。其中，垂线主要监测大坝水平位移和挠度，并且可兼作引张线、激光准直等方法的校核基点。引张线用来监测大坝水平位移，激光准直可监测大坝水平或垂直位移，液体静力水准用于监测大坝垂直位移，测压管主要监测混凝土坝扬压力和土石坝浸润线，量水堰监测总渗漏量，而排水管监测单孔渗漏量。此外，还有测内部应力计、应变计、温度计和测缝计等。

（二）常用监测仪器

监测仪器是实现大坝安全监测自动化的基础，其精度和稳定性直接影响实测数据的可靠性。我国生产的电容式，电感式、步进电动机式、光电耦合阵列 CCD 式、差动变压器式、钢弦式、差动电阻式等十余种监测仪器，包括垂线坐标仪、引张线仪、静力水准仪、渗压计和 CCD 激光探测仪等，在实践应用中效果较好。

（三）数据采集系统

大坝安全监测数据自动采集系统按采集方式可分为三类，即集中式、分布式和混合式。早期的大坝安全监测自动化系统多为集中式系统，其特点是只有一台测量装置（如自动巡回检测仪），且安装在远离测点现场的监测室（机房）内，其功能是按顺序逐一检测或点测监测仪器的数据，测点现场安装切换装置（集线箱、开关箱）的作用是将被检测的监测仪器与巡检仪相连通。

这时，在监测仪、切换装置、测量设备之间传输的是电模拟量。

发展的分布或数据采集系统的特点是将测量多台装置小型化，并和切换装置一起放在测点现场，称之为测量控制装置，测量的监测数据多变为数字量，由"数据总线"直接传送到监控室的微机上。这种系统较前述的集中系统可靠性大为提高，抗干扰能力增强，测量速度快，且便于扩展等。

由于微电子技术和计算机技术的发展，水利工程大量采用智能型数字仪器。在发展分布式数据采集系统的同时，集中式系统也有所发展。一般认为，测点少的大坝可采用集中式数据系统，而测点较多的大型水利枢纽则多采用分布式数据系统。此外，由于计算机网络技术的迅猛发展和监控系统的复杂化，人们将计算机网络技术应用于测控单元与上位机之间的数据通信中，上位机的控制指令接收、发送和向上位机传送的数据，均通过计算机网络技术实现。因此，无论是集中式还是分布式，实质上均为集散式监控系统（DMCS）。

三、安全监测自动化系统组成

大坝安全监测自动化系统一般由安装在坝体内或现场的监测仪器（传感器）、现场测量控制装置、中央控制装置三个部分（三个层次）组成。下面以安装在葛洲坝二江泄水闸上的 DC 型分布式安全监测数据采集自动系统为例，说明系统的组成结构。

（一）系统的组成及框图

该系统由以下设备组成：PSM—R 型电阻比检测仪 1 台，PSM—S 型变形检测仪 1 台，STC—50 型步进电动机式遥测垂线坐标仪 2 台，SWT—50 型步进电动机式遥测引张线仪 18 台，MCU—32R 型应力机、温度测控装置 6 台，MCU—8S 变形测控装置 3 台，CCU 中央控制装置 1 台，此外，还配备了用于数据管理的微型计算机系统与全套软件，以及电源系统、电源保护器、总线及各类装置的雷电流保护器（LSP）等必要设备。其中，PSM—S（R）是便携式检测仪，可直接对 STC 和 SWT 仪等进行测量，并将测量值存储于检测仪中，以便输入计算机，也可接入 DG 系统中。

放在现场观测站的 MCU 型测量控制装置不仅具有"切换"传感器的功

能，还具有"测量""控制""存储"自检""通信"等功能，是一种具有高度智能性、体积不大而又能在恶劣的水工环境中工作的设备，且同一台MCU通用测控装置上可以接入不同类型的传感器（如步进电动机式、差动电阻式、差动变压器式、滑线电阻式、可变电阻式），不同激振电压的、国产或进口的、单线圈的、双线圈的振弦式仪器，实现自动测量。

放在中央监测室的装置称为CCU型中央控制装置（美国Gcomation公司的同类装置由一台PC机和一台不接传感器的MCU组成，分别称为网络监控站NMS和网络中继单元NRU。意大利的ISMES研究所称之为CCU），这台装置和进行数据管理的计算主机放在一起，二者用RS—232串口连接，具有控制、通信、数据管理、自检、供电等功能。

（二）系统的运行方式及要求

1.系统的运行方式

上述的DG系统有两种运行方式可供选择：中央控制方式和分散控制方式。在中央控制方式下，可由中央控制装置和键盘输入命令控制系统内所有测控装置进行巡测，或选定任一测点的传感器进行点测；在分散控制方式下，可命令各台测控装置按设定时间自动进行巡回测量，自动存储数据并向中央控制装置报送数据，这种运行方式不需要外界干预，即使中央控制装置或数据总线发生故障，数据采集工作照常按设定周期进行，系统的可靠性大为提高。

2.对自动监测系统的主要要求

（1）对恶劣环境的适应性。大坝自动监测系统设备往往不得不放在阴暗潮湿的洞穴中，或暴露在大气里，极易受自然界风雨雷电的不利影响，因此在系统设计和设备选择时，要充分考虑防潮、防雷和抗干扰等问题，尽可能地采用先进的技术措施，以提高系统的环境适应能力。

（2）精确度高。大坝安全监测许多被测量的变化是很小的，如位移量，是以mm为单位计量的，因此在传感器等仪器的选择上，一定要满足大坝安全监测规范的精度要求。

（3）采集速度要快。为了保证采集数据的实时性，以便及时做出相应的调度决策，一般对系统的采集速度有一定要求。

(4) 具有可扩充性和维修方便的特点。

(5) 可靠性高。系统运行应长期可靠，采集的数据应准确可靠。

(6) 通用性要强。对建筑物内部观测的物理量 (温度、应力、应变、裂缝等) 和外部观测的各类项目 (垂线、引张线等) 所用的测量仪器均可进行测量。

(7) 自动化与人工监测兼容性等。

(三) 研制监测自动系统应注意的问题

当前，我国有近百座大坝安装了或安装过安全监测自动化系统，其中大部分自动化系统只实现了部分监测项目的数据采集自动化，有些运用良好，发挥了巨大作用，有些则已报废。其中有许多丰富的经验和深刻的教训，下面仅对今后研制类似系统应注意的问题进行简单介绍：

(1) 做好系统设计。系统设计是最为重要的一环，尤其要注意两点：① 系统和仪器的正确选型。目前国内外有许多单位生产相关的系统和仪器，要广泛进行调查研究，根据系统功能要求及技术指标要求，选择最为合理的系统和仪器。② 合理的系统配置与布置。对现场和系统特点 (优缺点) 有一个清楚的认识是合理进行系统配置和布置的前提，尤其要注意系统的工作环境 (如温、湿度范围，电磁干扰强度等)，以便决定是否配置隔离变压器、UPS、防雷器和浪涌吸收器。同时系统布置要使系统设备工作环境尽可能好一点、电缆长度尽可能短一点等。

(2) 注意安装前的率定和系统设备的检查。

(3) 做好现场埋设和系统安装调试工作。

(4) 加强运行维护规程制定、人员培训及系统验收工作。

第四节 大站水库溢洪闸工程自动化监视监控系统设计

一、概况

章丘市大站水库位于山东省济南市章丘枣园街道办事处大站村东西巴漏河下游，水库控制流域面积440km^2，总库容2233万立方米，属全国重点中型水库。水库工程由主坝、副坝、溢洪道、放水洞等组成。现溢洪闸工程是由原溢洪闸改建而成，原闸门控制是靠人工操作，存在弊端较多。为满足水库管理和综合开发的要求，决定采用数字化技术对其进行管理。

二、溢洪闸监控系统总体设计

(一)溢洪闸监控系统组成及功能

溢洪闸监控系统主要由现场(桥头堡)监控系统和远程(大站水库管理处、章丘市水务局)监控系统组成。主要功能：

(1)对过闸流量、闸前水位、水库水位、启闭机运行参数、电力设备运行参数等进行自动采集、记录；

(2)闸门开启高度自动测量、记录；

(3)闸门启闭机设备的工作参数和工作状态进行现场和远程监视监控；

(4)电子摄像功能，对溢洪闸室内工作区、室外设施环境、水情环境、运行环境等多方位图像实时监控；

(5)监控系统能依据参数的设定自动控制闸门开启高度；

(6)对溢洪闸现场监控室、大站水库管理处监控室或章丘市水务局监控中心的各级管理员都设置不同级别的登机操作监控权限(密码)，并被记录。

(二)溢洪闸监控系统总体结构

溢洪闸启闭机运行参数、动力系统参数、安全监测参数等，经现场采集系统进入现场PLC测控终端，现场视频信号经视频电缆进入硬盘录像机，然后PLC数据信号及视频信号由现场监控计算机接入以太网交换机，经光纤网与大站水库管理处监控计算机进行信号连接，大站水库管理处与章丘市水务局防汛指挥部可采用有线通信方式进行连接，章丘市水务局防汛指挥部经专用宽带通信网络接入INTERNET网，便于今后与济南市防汛指挥部连接。

三、溢洪闸现场监控系统设计

(一) PLC 监控单元设计

溢洪闸中心控制系统主要由 CPU 及各种信号模块组成，是整个监控系统的核心，承载着上位监控中心及现场各检测控制设备的数据传输，主要完成数据的分析、计算及处理。PLC 监控单元采用 SIEMENS 可编程控制器，标准模块化结构，主控制器 CPU 采用西门子 S7-300，配置足够的输入输出接口，并且具有完善的自诊断功能。

(二) 启闭机电器控制单元设计

启闭机电器控制单元主要由空气开关、交流接触器、热过载继电器、限位开关、闸门高度计数器等电器设备组成，完成启闭机的启闭操作控制、故障保护及闸位检测。电器控制单元设为现场 / 远程两种控制方式。当在现场控制时，可在启闭机旁控制柜上进行启闭控制操作；当采用远程控制方式时，可在现场监控室、大站水库管理处监控室、章丘市水务局监控室，进行溢洪闸的远程启闭控制操作。

(三) 水位动力及流量检测单元设计

水位检测单元主要由闸前超声波水位计和水库水位变送器组成，可随时采集闸前水位和水库水位。动力检测单元主要由各种传感器 (电压电流变送器、过载继电器、安全检测信号传感器) 组成，主要检测启闭机的三相动力电源。流量检测单元主要是由闸前设置的超声波水位计检测仪器和系统软件来完成流量的测定。

(四) 软件系统设计

本工程项目软件系统主要包括系统软件、编程软件和组态软件。编程软件主要用于对现场 PLC 的系统组态和系统测试，使其内部处理程序与现场各种信号传感器及各执行命令设备的实际对接相匹配，确保上传数据的准确性和执行命令的准确性，同时为溢洪闸远程监控和工程安全监测及工程管

理功能预留接口 (大坝监测、放水洞监测、雨情监测)，从而确保设备的运行安全及运行效益。

四、溢洪闸远程监控系统设计

(一) 远程监控系统结构设计

整个溢洪闸远程监控系统采用组态软件系统 +C/S 的体系结构。Client/server 结构，是由服务器和客户端组成。服务器的运行服务程序模块，客户端的运行客户程序模块，是一种分布式处理的计算机环境。

(二) 系统主要功能

(1) 服务器端系统功能：
①实时数据采集、转发功能；
②历史数据保存与查询、转发功能；
③实时命令的转发功能；
④实时图像采集、转发功能；
⑤数据校验功能；
⑥自诊断功能；
⑦日志功能。
(2) 客户端系统功能：
①实时数据显示功能；
②数据分析及处理功能；
③控制调节功能；
④图像监视功能；
⑤图像录制功能；
⑥视频监控系统的控制功能；
⑦画面显示功能；
⑧远程通信功能；
⑨报警功能；
⑩用户管理及权限设置功能。

(三) 数据存储系统设计

溢洪闸监控系统的数据内容涉及多种类型，包括一般信息 (数字、字符、日期等) 和视频信息。主要内容为：

(1) 监控数据包括远程监控系统监测的溢洪闸状态和水位数据，控制系统发出的控制指令数据和监视系统的监视数据。

(2) 管理数据包括溢洪闸监控系统的一般资料，如监测设备型号及参数、监视设备型号及参数、安放位置、人员数据、日志、故障管理数据以及各级部门对溢洪闸的控制权限数据。

(3) 基础数据包括大站水库管理处的组织管理数据、溢洪闸的基本情况、水位变化情况及闸孔出流计算参数等数据。

第四章　水利工程安全监测信息化

第一节　安全监测主要技术

一、大坝分类及监测要求

按不同标准，大坝的分类也有所不同。

根据抵抗水头压力的机制不同，可分为重力坝和拱坝。其中，重力坝就是利用坝体自身重量来抵抗上游水压力并保持自身稳定，比如著名的三峡大坝就是混凝土重力坝；而拱坝则是像拱桥一样，是在平面上呈凸向上游的拱形挡水建筑物，借助拱的作用将全部或部分水压力传到河谷两岸的基岩上，比如美国著名的胡佛拱坝。

按筑坝材料的不同，可分为土石坝、混凝土坝、橡胶坝、钢闸门坝等。其中，土石坝的断面一般为梯形，由土料、石料等经过抛填、碾压等方法筑成，是历史最悠久的一种坝型，比如小浪底大坝。在土石坝和混凝土大坝安全监测技术规范中，按照大坝的级别对各个监测项目的设定有明确规定，并对新建大坝各个观测项目规定了观测周期。技术规范要求各个监测项目相互协调和同步，变形监测、渗流渗压监测和应力应变温度等监测仪器宜在同一重要观测坝段上布置。

观测断面的选择和观测仪器的布置应该根据工程规模、建筑物等级、结构特点及监测项目而确定。仪器布置应该选择有代表性的坝段进行，一般指最大坝高坝段或观测成果易于与设计比较的坝段。当地基存在地质问题时，如软弱夹层、泥化夹层，监测重点应是基础和与基础结合的混凝土坝内的坝踵、坝址部位。重力坝可以选取溢流坝段或非溢流坝段作为重点观测坝段，对地质复杂的工程可增设一个坝段作为次要观测坝段，其他作为一般观测坝段。拱坝宜选择拱冠梁和拱座作为重点观测坝段，对于高拱坝还可以在1/4拱、3/4拱处各选择一个坝段作为次要观测坝段。

二、变形监测

水工建筑物的变形监测项目主要有坝体变形、接缝、裂缝以及坝基变形、滑坡体和高边坡的位移等。在混凝土大坝安全监测技术规范中规定了各个监测量的精度要求和符号约定，各个项目测量时应该尽量同步。

(一) 变形监测的精度和符号

变形量的正负号遵守如下规定：

(1) 水平位移。向下游为正，向左岸为正，反之为负。

(2) 垂直位移。下沉为正，上升为负。

(3) 倾斜。向下游转动为正，向左岸转动为正，反之为负。

(4) 接缝和裂缝开合度。张开为正，闭合为负。

(5) 高边坡和滑坡体位移。向下滑为正，向左为正，反之为负。

(二) 水平位移变形监测

1. 监测方式的选择和测点的布置

顺水流方向和垂直坝轴线方向的水平位移可以用垂线—引张线或视准线方式观测。垂线—引张线方式配置适当的自动化测量仪器不仅可以实现自动化测量，并且可以和人工观测并存。视准线方式一般用于人工观测。

直形重力坝体和坝基水平位移宜采用垂线—引张线方式观测，引张线可以分段布置，分段中间要设垂线。如果坝体较短，条件有利，坝体水平位移可采用视准线法观测。拱坝坝体和坝基水平位移宜采用导线法观测，如果条件允许，也可以用垂线方式测量水平位移。拱坝和高重力坝近坝区岩体水平位移应布设边角网，以监测岩体的变形。水工建筑物位移标点的布置应该根据建筑物的重要性、规模、施工、地质情况以及采用的观测方法而定，以能全面掌握建筑物及基础的变形状态为原则。通常垂直位移与水平位移标点设在同一观测墩上。

垂线测点的设置首先应该选择地质或结构复杂的坝段，其次选择最高坝段和其他有代表性的坝段。拱坝的拱冠和拱座应设置垂线，较长的拱坝还应在1/4拱和3/4拱处设置垂线，各高程廊道与垂线相交处应设置垂线观测点。水平位移测点应尽量在坝顶和基础廊道设置。

2. 垂线的设计

垂线测量的是坝体顺水流方向及垂直水流方向的坝体水平位移，有正垂线、倒垂线之分。正垂线就是在建筑物顶上悬挂钢丝，在基础廊道内设挂重及垂线测点，利用正垂线可以测量坝顶到基础廊道的相对位移，设备简单，安装方便。倒垂线是指从坝顶或坝体基础廊道钻孔到坝基相对不动点，将钢丝锚固在孔底，在坝顶或基础廊道设浮桶及垂线测点，利用倒垂线可以测量坝顶或基础廊道的绝对位移。垂线的中部坝体廊道内也可以设垂线测点。垂线长度不宜大于50m，否则垂线容易受空气对流而震动，不易回到平衡位置，造成测量误差。

正倒垂相结合时宜在同一个观测墩上衔接，否则正倒垂之间的坝体变形应设量具仪观测。

(1) 正垂线设计

正垂线重锤应设止动片，阻尼箱内应装防锈、黏性小的抗冻液体，其内径和高度应该比重锤直径和高度大10～20cm。重锤重量一般按下式确定：

$$W > 20(1 + 0.02L) \tag{4—1}$$

式中：W——重锤重量，kg；

L——垂线长度，m。

垂线钢丝宜采用高强度不锈钢丝，直径应保证极限拉力大于重锤重量的2倍，宜使用 $\phi 1.0 \sim 1.2$mm 的钢丝，一般垂线钢丝直径不宜大于 $\phi 1.6$mm。垂线安装完成后，有效孔径应不小于85mm。观测站宜用钢筋混凝土观测墩，观测站宜设防风保护箱或修建安全保护观测室。

(2) 倒垂线设计

倒垂线钻孔深入基岩深度应该按照坝工设计计算结果，缺少该项计算结果时，可取坝高的1/4～1/2，钻孔深度不小于10m。倒垂线孔内宜埋设壁厚5～7mm 无缝钢管作为保护管，内径不宜小于100mm，垂线安装完成后，有效孔径应不小于85mm。

垂线浮体组宜采用恒定浮力式，浮子的浮力一般按下式确定：

$$P > 250(1 + 0.01L) \tag{4—2}$$

式中：P——浮子浮力，N；

L——测线长度，m。

垂线钢丝宜采用高强度不锈钢丝，直径应保证极限拉力大于重锤重量的3倍，宜使用 φ1.0～1.2mm 的钢丝，一般垂线钢丝直径不宜大于φ1.6mm。

3. 引张线的设计

引张线的设备包括端点装置、测点装置、测线及其保护管。端点装置既可以采用一端固定、一端加力的办法，也可以采用两端加力的方法。测线越长，引张线所需要的拉力越大。长度为200～600m 的引张线一般采用40～80kg 的重锤张拉。

重锤重量按下式计算：

$$H=S^2W/(8Y) \tag{4—3}$$

式中：*S*——引张线长度，m；

W——引张线钢丝单位重量，kg/m；

H——水平拉力（重锤重量），kg；

Y——引张线悬链线直径，mm。

引张线钢丝宜采用高强度不锈钢丝，直径应保证极限拉力大于重锤重量的2倍，宜适用 φ0.8～1.2mm 的钢丝。引张线保护管一般用110～160mm 的 PVC 管。

4. 视准线的设计

视准线应离障碍物1m 以上。工作基点应采用钢筋混凝土墩建造，而测点则设置观测墩，并在墩上水平埋设中对中底盘配置活动觇标，确保整体高度高于地面1.2米。

为了保证观测精度，视准线的长度不能过长，一般按如下控制：

重力坝和支墩坝：300m；拱坝：300m；滑坡体：800m。

（三）沉降变形监测

沉降变形是指坝体铅直方向的变形，即坝体沉降。沉降测点可以和水平位移测点结合起来布置，可与视准线的水平位移测点布置在同一个测点墩上。坝体廊道和坝面的沉降变形可以使用精密水准测量，如需要实现自动化测量，可以采用利用连通管原理设计的静力水准仪系统。

(四) 水平位移监测

水平位移是指垂直坝轴线方向和平行坝轴线方向的位移。大坝在上游水压力的作用下，既可能向下游方向位移，也可能是由于坝基或坝体的抗剪强度降低而产生的侧向位移，这样的侧向位移可能引起坝体横向开裂，以及两岸脱离，形成不利于坝体安全的渗流通道。因此，应在这些可能产生较大位移部位安装位移计，观测大坝在施工和运行期间坝体内部的位移情况，结合其他观测项目综合分析，判断坝坡的稳定性、坝内有无隐蔽性裂缝，作为施工和运行安全运用的依据。坝体内部水平位移观测一般沿可能产生有害位移的方向，在坝体内部埋设引张线式水平位移计、测斜仪、电位器式位移计（TS 位移计）、正倒垂等设备观测。

常用的引张线式位移计适宜水平埋设，一般在靠近坝体顶部的左右岸区，分层设在最大坝高断面的粗粒料区，分设高程约为 1/3、1/2、2/3 坝高处。

(五) 安全监测在土石坝中的应用

1. 表面变形监测

表面变形的横向观测断面通常选在最大坝高、合龙处、地形突变处、地质条件复杂处，一般不少于 3 个。每个横向观测断面一般不少于 4 个标点，通常在上游坝坡正常蓄水位以上 1 个，正常蓄水位以下可根据需要设临时测点，坝顶下游坝肩布置 1 个，下游坝坡半坝高以上 1 ~ 3 个，半坝高以下 1 ~ 2 个（含坝脚 1 个）。测点的在坝轴线方向上的间距，一般坝长小于 300m 时，宜取 20 ~ 50m，坝长大于 300m 时，宜取 50 ~ 100m，表面竖向位移及水平位移变形一般共用一个测点。

2. 内部变形监测

为了解土石坝在施工和运行期间坝体内的固结和沉降（垂直位移）情况，结合其他有关观测资料进行综合分析，以判断其稳定性和有无变形裂缝，作为施工控制和工程安全运行的依据。土石坝坝体内部的固结和沉降一般采用在坝体内逐层埋设横梁管式沉降仪、电磁式沉降仪、干簧管式沉降仪、水管式沉降仪等方式。

沉降观测应该与坝体其他各种位移观测、坝体内孔隙水压力观测配合进行。内部变形观测的布置应该根据工程的重要程度、结构形式、地质、地形、坝长以及施工方法等确定，一般应在原河床、最大坝高、合龙段、代表性地质、特征地质处。每根沉降管的测点间距应根据坝身填料特性、施工方法而定，一般为 2 ~ 5m。沉降管最下一个测点应置于坝基表面，同时测量坝基的沉降量。

三、渗流监测

水利设施及其基础的渗流监测是安全监测的主要项目。对大坝的渗流监测主要是观测坝基扬压力和坝体扬压力。其中，坝基扬压力是坝体外荷载之一，是影响大坝稳定的重要因素；坝体扬压力主要是指水平施工缝上的孔隙水压力。如果孔隙水压力过大，说明施工面上结合不良；坝基渗流量突然增大，说明坝基破碎带处理或灌浆效果不佳，两岸混凝土与基岩接触不良；若坝体渗流量突然增大，可能是坝体混凝土出现裂缝所致。总之，渗流监测必不可少。

（一）扬压力监测布置

1. 坝基扬压力监测的布置

扬压力观测应该根据建筑物的类型、规模、坝基地质条件和渗流控制的工程措施等设计布置。一般应该设纵向观测断面 1 ~ 2 个，每个坝段不少于 1 个测点，如地质条件复杂，则应适当增加测点。横向观测断面至少 2 个，依据坝的长度而定，横断面间距一般为 50 ~ 100m。

以重力坝、重力拱坝为例，横断面上测点的布置以能绘制扬压力分布图形为准，一般 5 ~ 6 个，帷幕前 1 个，帷幕后 1 个，排水幕线上 1 个，排水幕后 2 ~ 3 个，测点一般布置在坝段中心线上。薄拱坝一般不测扬压力，仅在排水幕上布置测点，检验帷幕灌浆效果，一般每个坝段设 1 个点。

坝基扬压力监测一般埋设 U 形测压管，测压管用 φ1 ~ 2 寸钢管引到观测廊道，必要时也可以埋设渗压计。排水幕处的测压管一般布置在排水孔之间，但决不能用排水孔作为测压管观测孔。排水孔一般深入坝基深处，而扬压力观测孔一般在建基面下 1.0m 处。

2. 坝体扬压力的监测布置

观测混凝土坝坝体的渗透压力宜采用渗压计(或称孔隙水压力计)，观测断面一般设在水平施工缝上。每个截面上的测点宜在上游坝面到坝体排水管之间，或在该截面高程上最大静水压力的1/10处，而且在廊道上游面排水管中心线上观测。

(二) 渗流量监测布置

渗流量的布置应该结合枢纽布置，对渗流的流向、集流和排水设施统筹规划，然后进行渗流量的观测设计。渗流量观测一般采用单孔排水量和量水堰观测，或者采用容积法观测。

布置时应该注意将坝体渗流量和坝基渗流量分开观测，坝体渗流排水多流入排水沟内。因此，可以在不同高程的廊道设置量水堰从而观测不同部位的渗流量。

坝基渗流量应将河床坝段和两岸坝段分开观测，可以采用单孔渗流量计。

大坝总渗流量可以通过集水井用容积法观测。

(三) 绕坝渗流监测布置

测点布置应该根据地形、枢纽布置和绕坝渗流区岩体渗流特性而定。在两岸的帷幕后，顺帷幕方向布置两排测点，测点布置在靠坝肩处较密，帷幕前可以布置少量测点。

以土石坝为例，渗流量监测的方法主要有以下几个：

(1) 在大坝下游坝趾建量水堰是常用方法。这需要做截水墙以汇集渗水。对于建在深冲积层上的土坝更需要建设截水墙，否则大部分渗水从下部的冲积层漏走了。截水墙在施工期进行坝基处理时就建设，减少一些重复工程量和后期施工时的困难。

由于土石坝所在范围广，渗流量监测容易受到降雨影响。

(2) 坝体浸润线观测。浸润线观测断面宜选择在最大坝高处、合龙段、地形或地质条件复杂处，一般不少于3个，并尽量与变形、应力应变观测断面相结合。在每个横断面内，从坝顶往下游坝坡布置3~5个测点，观测水位，绘制浸润线。

浸润线观测可以采用测压管方式或埋设渗压计方式。一般遵循如下原则进行选择：

① 作用水头小于20m的坝，渗透系数大于或等于10^{-4}cm/s的土体中，渗透压力变幅小的部位，宜采用测压管方式。

② 作用水头大于20m的坝，渗透系数小于10^{-4}cm/s的土体中，观测不稳定渗流过程以及不适宜埋设测压管的部位（如上游铺盖或斜墙底部、接触面等），宜采用埋设渗压计方式，其量程应与测点水压力相适应。

（3）绕坝渗流观测。在大坝与两岸山坡连接处，沿坝脚线，从坝顶到下游布置渗流压力测点。

四、工程安全内部监测

工程安全内部监测一般指应力、应变及温度监测等项目，它与变形、渗流监测等项目结合起来布置，组成一个水工建筑物完整的安全监测系统。

以大坝观测为例，大坝内部观测一般选择典型坝段作为观测坝段，进行全面观测，同时针对某些特殊情况，在其他坝段布置一些适当的仪器进行某些项目的观测。观测坝段选择的原则是选择在整座大坝的各个坝段中从坝体结构、坝基地质条件和坝高等方面来看具有代表性的坝段。观测坝段选定后，在坝段内选定垂直坝轴线的横断面称为观测断面，一般选择通过坝段中心线的断面。

为了监测坝体和坝基的应力状态及抗滑稳定性，一般布置以下三类观测项目：

（一）温度观测

温度不仅是影响大坝位移的主要因素，也是施工期间浇筑混凝土和进行坝缝灌浆的重要控制参数，如果基础约束区混凝土的温度控制不好，就容易引起不易发现的贯穿性裂缝。温度计在观测断面上一般成网格形布置，测点的间距一般为8～15m，坝面附近的测点间距可小些，上游坝面布置水温计，下游坝面布置混凝土表面温度测点及导温系数测点。

（二）坝体应力状态的观测

坝体应力状态的观测重点是靠近底部的基础观测截面，因为距离坝底越近，水荷载和自重引起的应力越大，因此，基础观测截面的应力状态在坝体强度和稳定控制方面起关键作用。但为了避开基坑不平和边界造成的应力集中，基础观测截面距坝底不宜小于5m。重力坝的应力分布受到坝体施工方法的影响，同仓浇筑的混凝土基础观测截面的应力是连续分布的，应变计组的布置按平面变形问题考虑，可以布置4向或5向应变计组，其中4向应变计组构成的平面与观测基面重合。

（三）坝体接缝和坝基基岩变形观测

重力坝和支墩坝的纵缝都需要灌浆胶结成整体，整体重力坝的横缝也需要进行灌浆。为了监测灌浆前后坝缝的开度变化，以及在灌浆时控制压力，在灌浆区中部坝缝内要设置测缝计。坝基底部的坝踵和坝趾分别埋设2支以上基岩变形计，监测坝体抗滑稳定性，坝踵垂直向布置的基岩变形计可以同时监测上游坝踵是否因为拉应力而引起基岩裂缝张开或坝底和基岩脱开。

五、数据挖掘技术

（一）可视化技术

在水利工程开发中，可视化技术是整个系统最终的发展现状。采用可视化技术可以全面呈现原始数据，确保员工能够准确观察水利工程的发展现状。整个水利工程发展系统广泛运用可视化技术和传统的发展角度，提高信息可视化技术的实际应用。根据大数据的多维特征和三维可视化技术的应用，利用水利工程大数据可以实现可视化采集水利工程信息的目的，从而提高知识需求。在水利工程的工作阶段，可视化技术作为员工沟通的重要环节，在整个工程中发挥着重要作用。传统工作主要依靠图表等方法模拟二维数据，显示数据信息查询，方便员工查询数据。但二维数据仿真无法更好地解决复杂水利工程。随着产业4.0概念的深化，水利工程采用了三维可视化技术，在模拟状态下表示数据信息，并应用于许多领域。依靠无人机数据采集和激光点云倾斜摄影能够获得更准确的数据信息，在充分利用三维可视化技术设计水利工程时，可以更清楚地感受到地理信息数据在水利工程中的实际应用。借助计算机进行数据仿真，人们能够直观地掌握水利工程的实际运行状态。在计算机技术的控制下，采用交互式图形数据的方式，水利大数据可以实时显示在管理者面前，使他们能够做出决策。在信息水平的控制下，随着三维图形的显示，人们可以感受到工程的发展更加直观，实时获得强大的数据，大大提高劳动管理效率，有效提高抗旱性问题，为水利工程管理提供更多数据支持。

(二) 空间数据仓库应用

构建空间数据仓库给员工带来了一定挑战。由于空间数据仓库主要用于构建空间的各种数据，以满足高效灵活的数据分析需求，因此，在决定水利项目管理时，尤其在灾害数据库、气象数据和水文数据方面，直接影响社会和经济数据的分配。因此需要全面考虑，及时向有关部门报告数据信息，以应对异常情况。不同空间结构存在不同的数据要求，数据之间的结构关系应通过综合管理加以巩固。例如，通过依赖矢量格式、光栅格式和特定供应商，我们可以全面分析空间数据之间的关系，清理和替换异常数据库，在数据库存储的中间发现相同的数据信息，使用相同的数据进行有效的知识设计，通过筛选和完善数据信息，明确掌握水利工程的实际情况，从而满足数据信息自动恢复管理的要求，实时掌握灾害情况并做出准确预测。

(三) 数据挖掘技术与水利工程管理软件的集成

水利工程的主要工作内容有水库净化、水闸管理、大坝管理、南北项目管理、灌溉管理等。数据挖掘技术可以有效改进这项工作的实施，为水利工程的发展提供更多数据支持。但数据挖掘技术只提供了相关数据，不能满足数据挖掘的中心思想。因此，我们只能依靠水利开发的成熟成果和数据挖掘系统来反映数据挖掘的最佳状态。由于我国工程系统数量众多，GIS 技术在水利工程中被广泛应用。GIS 技术具有许多功能和处理效果，可以查询实时数据。它能有效改善一些地方经济条件和地理文化环境。因此，水利项目管理项目可用于有效发展，重点是水利项目如何与 GIS 系统紧密结合。

(四) Apriori 算法分析

优先级算法是数据挖掘系统中十大经典算法之一。常用项集算法用于关联规则的数据挖掘，主要目的是通过生成建筑集和向下闭合来识别这两个阶段。它广泛应用于各个领域。第一，通过将频繁 1 项集的数量表示为完成经验，通过推导显示频繁 2 项集，将频繁 2 项集表示为完成经验，完成了频繁 3 项集的探索，频繁 3 项集表示为 L3。概括地说，进行了模拟，通过将常量设置为 k，该方法连续完成向下方向。当我们使用这个算法时应该注意，如果我们一直在寻找 Lk，就必须搜索数据库中的数据。此外，在许多数据采集算法中有这种算法的派生和改进算法。例如，基于散列数据挖掘算法，FP 增长算法出现时没有替代集，而基于数据切片的算法出现。因此，Apriori 算法是一种经典的数据挖掘算法。

(五) 松散耦合式

根据数据挖掘技术，通过数据挖掘系统与 GIS 系统之间的各种关联，数据挖掘系统可以根据 GIS 系统的特点认真运行，使数据挖掘系统能够更清晰地查看不同类别的数据信息，并以不同方式评估数据。此外，也可以不依赖 GIS 系统而采用松散耦合的方法将空间挖掘与数据信息分离开来。但是，这种技术有其自身差异。在实际申请过程中需要复杂的空间处理，这使得发展变得困难。例如，在水文模型的设计中，通过使用松散耦合，每个子单元确定的物理概念各不相同，为了实现水净化计算的功能，应将相关模块集成并分布到 GIS 系统中，特别是与 RS (遥感) 接口相连接。因此，次区域之间的空间数据存在差异。因此，有必要建立不同河流的渠道模型，并根据不同的参数信息按单位进行仿真计算，最终得到河流网络的数据流和准确的断面数据。

(六) 大数据分析技术

在水利现代化进程中，大数据分析是最关键的技术环节。参照水利工程的实际技术特点，该过程主要分为四个方面：第一，分析规律。根据水利工程的历史业务规律，定期挖掘其特点，选择导致数据变化的三个决定性因素。

二是充分考虑发展趋势。实时监测数据，掌握数据的当前发展现状，为员工提供更准确的评估依据，根据不同的发展水平及时进行预警处理。第三，趋势预测。通过根据历史数据的关键信息参考数据信息的实际特性，可以模拟和分析数据的变化趋势，预测未来数据信息的发展趋势。第四，优化决策。根据数据库的发展趋势和常规状况，进行了一般的前期评价分析，并制定了明确的规则，帮助员工对较为紧急的水利工程做出准确决策。大数据分析技术广泛应用于许多领域，主要依靠统计数据、数据挖掘和神经网络系统的构建。伴随着神经网络系统作为新的开发力量的构建，大数据分析技术在工程领域得到了广泛应用。当今时代，水资源和水环境正在迅速发展，我们可以依靠云平台与水务部门通信数据，构建互联网平台，并通过云计算全面汇总数据信息。

第二节　安全监测标准规范及设计

一、工程安全监测标准规范

安全监测系统的监测项目、测点布置及系统的功能、性能应满足以下条件：

（1）土石坝安全监测技术规范（SL 551—2012）。

（2）混凝土坝安全监测技术规范（SL 601—2013）。

（3）混凝土坝安全监测技术规范（DL/T 5178—2016）。

（4）大坝安全自动监测系统设备基本技术条件（SL 268—2001）。

二、水利工程安全监测设计原则

根据建筑物结构特点、施工方法，参照国家或行业的监测技术规范和标准，确定水利工程安全监测系统的设计原则。

（1）以监测各建筑物的安全为目的，紧密结合工程实际，突出重点兼顾全面。

（2）在满足精度的前提下，力求监测方便、直观，以自动化监测为主要手段，同时保留人工测读的方式，以便与自动化测值进行对比。

（3）监测断面和监测测点的布置应首先考虑地质地形条件较差和结构复杂的特殊部位。

（4）安全监测自动化系统需遵循实时性、可靠性、开放性、适应性、安全性等原则。

三、水利工程安全监测设计实现

（一）系统架构设计

水利工程安全监测自动化系统的架构设计是整个系统的基础。通常一个完整的水利工程安全监测自动化系统的架构包括以下几个层次：

（1）传感器层。该层是系统的最底层，主要用于采集水库各种监测数据，包括水位、水压、地震、温度、湿度等。该层需要选择合适的传感器设备，并且需要根据监测需求进行布置和连接。

（2）数据采集层。该层用于采集传感器层采集到的数据，并将其进行整合、处理和存储。该层需要选择合适的数据采集设备，包括数据采集器、数据处理器和数据存储设备等。

（3）数据传输层。该层用于将采集到的数据传输到上层系统进行分析和处理。该层需要选择合适的数据传输技术和设备，包括有线和无线传输技术等。

（4）数据分析层。该层用于对采集到的数据进行分析和处理，包括数据展示、数据比对、数据预测等。该层需要选择合适的数据分析软件和算法，并且需要将数据结果反馈到监测和管理人员。

（5）管理层。该层是整个系统的最高层，主要用于对系统进行管理和控制。该层需要选择合适的管理软件和设备，并且需要根据监测需求进行设置和操作。

综上所述，水利工程安全监测自动化系统的架构设计应该综合考虑各个层次的需求，并且需要根据实际情况进行调整和优化。

（二）系统硬件设计

在系统硬件设计方面，需要考虑安全监测设备的选择、数量和布局等因素，以保证监测数据的准确性和完整性。一般来说，硬件设计应包括以下几个方面：

（1）监测设备选择。根据实际需求和监测对象的特点，选择合适的监测设备。例如，对于水库的水位监测可以选择浮子式水位计或者压力传感器等设备。

（2）设备数量和布局。需要根据监测对象的大小和形状、监测要求和监测点的分布情况等因素确定监测设备的数量和布局方案。通常需要考虑监测覆盖范围、数据采集密度和监测点间距等因素。

（3）数据采集和传输系统。为了实现数据的实时采集和传输，需要设计采集系统和传输系统。其中，采集系统包括数据采集器、传感器和信号调理等设备，传输系统则包括通信设备、网络设备和数据传输协议等。

（4）系统配套设施。为了确保监测系统的正常运行，还需要设计配套设施，如电源系统、机房环境控制系统和安全保护系统等。在设计硬件方案时，需要充分考虑系统的可靠性、稳定性和易维护性，同时尽可能减少系统的能耗和成本。

（三）系统软件设计

在系统软件设计方面，需要考虑实现监测数据采集、处理、分析、存储、传输和展示等功能。一般来说，软件设计需要包括以下几个方面：

（1）监测数据采集软件。实现对各种监测设备的数据采集和处理，包括数据质量控制、数据存储和传输等功能。

（2）数据处理和分析软件。实现对采集的监测数据进行处理和分析，包括数据质量评估、异常检测、预警和预测等功能。

（3）数据存储和管理软件。实现对监测数据的存储和管理，包括数据库设计、数据备份和恢复等功能。

（4）数据传输和展示软件。实现监测数据的实时传输和展示，包括监测数据的可视化展示、报表生成和信息共享等功能。在软件设计时，需要充分考虑系统的可靠性、实时性和易用性，同时尽可能减少系统的复杂度和成本。可以采用现代软件工程方法，如面向对象设计、模块化设计和代码重用等技术，来提高软件的可维护性和扩展性。同时，为了保证系统的安全性和稳定性，需要对软件进行严格的测试和验证。

(四) 系统集成与测试

在系统集成与测试阶段，需要将系统的硬件和软件进行整合，确保系统的各个部分能够协同工作。系统集成与测试的主要任务包括以下几个方面：

（1）系统集成设计。根据系统架构设计和软硬件设计的要求，设计系统的集成方案，明确各个模块之间的接口和数据交换方式。

（2）系统集成实施。根据集成设计方案，对各个模块进行调试和连接，确保系统的各个部分能够正常运行。

（3）系统测试。通过对系统的功能、性能、稳定性和安全性等方面进行测试，评估系统的整体质量和可靠性。

（4）问题排查和修复。在测试过程中发现的问题需要及时进行排查和修复，确保系统的正常运行。

在系统集成与测试阶段，需要充分考虑系统的兼容性、可靠性和安全性等因素。需要建立完善的测试计划和测试用例，对系统进行全面的测试和验证，确保系统能够满足用户需求。同时，需要对系统的安全性进行充分考虑，采用安全加密和防护措施，保护系统的安全性和稳定性。

第三节　安全监测仪器

一、振弦式传感器原理

安全监测仪器主要有振弦式传感器、电阻式传感器、电感式传感器、电容感应式传感器等。其中振弦式传感器是目前国内外普遍重视和广泛应用的一种非电量电测的传感器，其直接输出振弦的自振频率信号，具有抗干扰能力强、受电参数影响小、零点漂移小、受温度影响小、性能稳定可靠、耐震动、寿命长等特点。

其工作原理如下：

振弦式传感器由受力弹性形变外壳（或膜片）、钢弦、紧固夹头、激振和接收线圈等组成。钢弦自振频率与张紧力的大小有关，在钢弦尺寸确定之后，其振动频率的变化量即可表征受力的大小。

以双线圈连续等幅振动的激振方式为例，说明传感器工作过程。工作时开启电源，线圈带电激励钢弦振动，钢弦振动后，在磁场中切割磁力线，所产生的感应电势由接收线圈送入放大器放大输出，同时将输出信号的一部分反馈到激励线圈，保持钢弦的振动，这样不断反馈循环，加上电路的稳幅措施，使钢弦达到电路所保持的等幅、连续的振动，然后输出与钢弦张力有关的频率信号。

振弦的振动频率可由下式确定：

$$f_0 = \frac{1}{2L}\sqrt{\frac{\sigma_0}{\rho}} \qquad\qquad (4—4)$$

式中：f_0——初始频率；

L——钢弦的有效长度；

p——钢弦材料密度；

σ_0——钢弦上的初始应力。

由于钢弦的质量 m、长度 L、截面积 S、弹性模量 E 可视为常数，因此，钢弦的应力与输出频率 f_0 建立了相应的关系。当外力 F 未施加时，则钢弦按初始应力做稳幅振动，输出初频 f_0；当施加外力（即被测力—应力或压力）时，则形变壳体（或膜片）发生相应的拉伸或压缩，使钢弦的应力增加或减少，这时初频也随之增加或减少。因此，只要测得振弦频率值 f_0，即可得到相应被测的力—应力或压力值等。

二、常用的监测仪器

常用的监测仪器包括变形观测仪器、渗流观测仪器、压力（应力应变）观测仪器等。

（一）变形观测仪器设备

1. 外部变形观测光学仪器

外部变形观测光学仪器主要有水准仪、经纬仪、全站仪。根据工程测量精度的需要，选择相应精度等级的观测仪器。

（1）水准仪是根据水准测量原理测量地面点间高差的仪器。主要有微倾水准仪、自动安平水准仪、激光水准仪、电子水准仪。

（2）经纬仪是测量任务中常用的精密测量仪器，用于测量角度、工程放样以及粗略的距离测取。经纬仪根据度盘刻度和读数方式的不同，可分为游标经纬仪、光学经纬仪和电子经纬仪。目前最常用的是光学经纬仪。

（3）全站仪是一种兼有电子测距、电子测角、计算和数据记录及传输功能的自动化、数字化三维坐标测量与定位系统。它是集测量水平角，垂直角，距离（斜距、平距），高差测量功能于一体的测绘仪器系统。因其一次安置仪器就可完成该测站上全部测量工作，所以称之为全站仪。

2. 内部变形观测仪器

内部变形观测包括水平位移、垂直位移、固结和裂缝观测。而混凝土坝除水平位移、垂直位移和裂缝观测外，还有挠度和伸缩缝观测。主要观测仪器有沉降仪、测斜仪、位移计、测缝计等。

（1）沉降仪

① 水管式沉降仪用于监测土石坝施工期和运行期间坝体内固结和沉降（垂直位移）情况，从而判断坝体的稳定性。水管式沉降仪在施工期埋设，埋设后输出电子信号可实现自动化测量。水管式沉降仪依据的是连通器原理，即液体在密封且相互连通的容器内，各容器中的液面将自动调整至同一水平高度的特性而设计制造。如果大坝内部某测点没有沉降发生，观测房测量管水位不会产生变化；反之，如果埋设在坝体内部的测头随坝体而下降，则坝面测量管水位也随之下降，从而判断出大坝内部某一测点相对于观测房的沉降值。

② 电磁式沉降仪由两大部分组成：一是地下埋入部分，由沉降导管和底盖、沉降磁环组成；二是地面接收仪器，由钢尺沉降仪、测头、测量电缆、接收系统和绕线盘等部分组成。沉降管的埋设安装有两种方式：一是施工期埋设，运用此种埋设方式，沉降磁环可正确定位，但在施工期间沉降管保护较困难，管周围需人工夯实；二是已建坝钻孔埋设，这种方式能够避开施工干扰，但需要钻孔封堵到位，沉降磁环定位准确度较差。

一般情况下，沉降和水平位移观测共用一根管，即测斜沉降管。管从材质上大致分为 PVC 管和铝合金管；管内径基本为 $\phi 45$ 和 $\phi 60$ 两种。

③ 电容感应式静力水准仪以陶瓷电容传感原理测量两点或多点各个测

点间相对高程变化的专用精密仪器，广泛用于水电站大坝、高层建筑物、高速公路、桥梁、堤防、油气输送管道、储油罐等基础填方结构沉降或浮升的精密测量。

④ 振弦式静力水准仪特别适合要求高精度监测垂直位移或沉降的场合。系统由一系列含有液位传感器的容器组成，容器间由通液管互相连通。参照点容器安装在一个稳定位置，其他测点容器位于同参照点容器大致相同标高的不同位置，任何一个测点容器与参照容器间的高程变化都将引起相应容器内的液位变化，从而获取测点相对于参照点高程的变化。

⑤ 光电式静力水准仪系统采用 CCD 器件作为核心部件。适用于要求高精度的垂直位移或沉降的监测。其集程控驱动、信号处理及通信等功能于一身，精度高、无漂移、可靠性强、安装方便、防潮性能好，可在 100% 相对湿度环境下长期连续工作。

(2) 测斜仪常用于监测滑坡区和深洞开挖土体的侧向位移，也用来监测诸如堤坝结构的变形。可分为伺服加速度计式测斜仪、振弦式固定测斜仪等。

① 伺服加速度计式测斜仪内有两个力平衡伺服加速器，可同时测出两个方向的位移。它与测斜管一起使用，测量边坡、滑坡、大坝、道基和回填的横向变形，也可以用来测量墙洞、矿井、隧道、船坞、抗滑桩和板桩的偏移。

② 振弦式固定测斜仪的原理类似伺服加速度式测斜仪，与接近垂直的测斜管配套使用，测量横向水平位移。设定的固定测斜仪系统固定安装在测斜管里，以便自动及连续地监测，也可以串连数个传感器以获得剖面位移图。

(3) 位移计有引张线式水平位移计、滑动电阻式位移计、振弦式位移计、多点位移计等几种类型。

① 引张线式水平位移计是由受张拉的钢瓦合金钢丝构成的机械式水平位移测量装置。适用于土石坝施工期埋设、初运行期观测，或用于混凝土坝运行期观测。

特点：测量范围大，结构简单，耐久性好，观测数据直观可靠。

② 滑动电阻式位移计的传感元件是一种直滑式合成型电位器，通过测量电位器滑动臂所在位置的电压而推算出位移量。

适用于土石坝施工期内部埋设、初运行期观测；已建土石坝开挖埋设；

面板坝周边缝观测，可承受约 1MPa 水压。

特点：测量范围大（50、100、150、200mm），结构简单，耐久性好。

③ 振弦式位移计可用于测量水工结构物或其他混凝土结构物伸缩缝的开合度（变形），亦可用于测量土坝、土堤、边坡等结构物的位移、沉陷、应变、滑移，并且可同步测量埋设点的温度。

a. 埋入式位移计用于测量结构间的裂缝，例如，在混凝土大坝块体之间的裂缝，它通常是横跨结合部，以监测接缝的开合，仪器内部的万向节能适应一定程度的剪切运动。

b. 表面型位移计用来测量表面裂缝和接缝的变化，它可通过灌浆、栓固或将两个带球绞的螺杆固定到裂缝的两侧。

④ 多点位移计是将 3 ~ 4 支测缝计组合在一起，按不同深度梯度埋设，用于测量同一测孔中不同深度裂缝的开合度。适用于隧洞、厂房、洞室、边坡、坝基等不同深度的变位观测。

以基康 BGK—A3/A6 型振弦式多点位移计为例。

BGK—A3/A6 型振弦式多点位移计可以直接安装在钻孔里，灌浆锚固非常容易。在孔径 76mm 的孔中，最多可在不同深度安装 6 个锚头，监测不同深度多个滑动面和区域的变形或沉降位移，适用于公路或铁路路基、填土或其他类似结构的土体沉降监测。

（4）测缝计

同振弦式位移计。

（二）渗流观测仪器

1. 孔隙水压力计（渗压计）

孔隙水压力计埋设在水工建筑物、基岩内，或安装在测压管、钻孔、堤坝管道和压力容器里，测量孔隙水压力或液体液位。孔隙水压力计包括振弦式孔隙水压力计差动电阻式孔隙压力计等。

（1）振弦式孔隙水压力计

①4500S 型 4500AL（V）型标准压力计（渗压计）。4500S 型标准压力计用以测量流体压力，例如，地下水位，坝体、土体的孔隙水压力，等等。也可以用来装在孔内，监测井和测压管的压力或水位。4500AL 型用于低压量

程。4500ALV 型可自动进行大气压力变化的补偿。所有型号压力计带热敏电阻测温以及雷击保护器。

②4500B、4500C 型小直径压力计 (渗压计)。这些压力计能在小直径、非标准的测压管中很好地用于自动化测量。4500B 型可放入 19mm 直径的管中，4500C 可放入 12mm 直径的管中。

③4500DP 型钻入式压力计。4500DP 型钻入式压力计在其坚固的外壳内装有传感器，并有一个 EW 钻杆螺纹和可拆卸的尖端，将其拧到 EW 钻杆端部并将电缆穿过钻杆内孔，该压力计可以被直接推进软土。4500DP 型钻入式压力计适用于软土、基坑、回填以及高温项目。

④4500HD 型增强压力计面。4500HD 增强型压力计用来直接埋入土方或碾压混凝土里。4500HD 型与铠装电缆一起使用，以承受高强施工荷载，建议用于土坝及碾压混凝土坝。

(2) 差动电阻式孔隙压力计

差动电阻式孔隙压力计是一种供长期测量混凝土或地基内孔隙水压力并且能兼测温度的传感器。在外界提供电源时，它所输出的电阻比变化量与孔隙压力变化量成正比，而输出的电阻值变化量与温度变化量成正比，从而可计算出压力和温度值。

2. 测压管

测压管是一种古老而又常见的渗流监测仪器，它靠管中水柱的高度来表示渗透压力的大小。在水工建筑物原体观测中，测压管常用于监测地下水位、堤坝浸润线、孔隙水压力绕闸坝渗流、坝基渗流压力、混凝土闸坝扬压力、隧洞涵洞的外水压力等。

3. 渗流量观测仪器

根据渗流量的大小，渗流量观测一般采用量水堰的方式或容积法。

渗流观测仪器可分为接触式和非接触式两种：接触式仪器一般通过测量堰上水头，再通过经验公式推算，有条件的情况下，应同时观测渗流水温，以便进行标准流量的换算；非接触式主要为超声波仪器。

(三) 压力 (应力应变) 观测仪器

1. 土压力计

土压力计适用于长期测量土石坝、土堤、边坡、路基等结构物内部土体的压应力。当被测结构物内土应力发生变化时，土压力计感应板同步感受应力的变化，将会产生变形，变形传递给振弦转变成振弦应力的变化，从而改变振弦的振动频率。电磁线圈激振振弦并测量其振动频率，频率信号经电缆传输至读数装置，即可测出被测结构物的压应力值。同时可同步测出埋设点的温度值。

(1) 4800 型压力计由两个圆形不锈钢面板的周边焊到一起，两个面板之间窄小的空腔内充满除净空气的油。作用在两个面板上土压力的变化引起盒内流体压力的增加，振弦压力传感器将这个压力转换成频率电信号，并经电缆输送到读数位置。

(2) 4810 型边界压力计用来测量混凝土或钢结构与土体接触面的土压力。

2. 应变计

(1) 振弦式应变计

振弦式应变计：表面应变计主要用于焊接到各种钢结构的场合，可以直接粘贴到混凝土或钢结构表面。以 BGK—4000 型振弦式应变计为例，该应变计主要用于监测管线、支撑、钢板桩和桥梁等各种结构的应变，仪器可粘贴或使用一段锚杆通过钻孔的方式固定在混凝土结构表面上来测量混凝土的应变。将两端用电弧焊接或螺栓固定在钢结构表面可以监测钢结构的应变。内置的温度传感器可同时监测安装位置的温度。

① 点焊型应变计适用于钢结构及空间受限的加强筋上测量应变，可便捷地通过点焊枪进行点焊安装，或采用特殊的环氧快速粘结剂进行固定。

以点焊式应变计为例，主要用于监测钢结构表面的应力和应变。采用高性能钛合金材料作为传感器基底，可以直接点焊在钢结构表面。具有分辨率高、标距小 (受构件弯曲影响小)、量程大、不疲劳损坏、耐腐蚀等诸多优点。

② 混凝土埋入式应变计可直接埋设在水工建筑物及其他结构的混凝土或钢筋混凝土内，以监测混凝土的应变。以埋入式应变计为例，该应变计可直接埋设在水工建筑物及其他结构的混凝土或钢筋混凝土内，以监测混凝土

的应变。内置温度传感器可同时监测测点处的温度。适用于基础、桩基、桥梁、隧洞衬砌等的应变监测，增加一些选购配套设备，可构成多向应变计或无应力计。根据用户要求加大标距后可安装在钻孔中来监测结构内部微小裂缝的缝隙开合度，最低可监测到 $1\mu m$ 的缝隙变化。

③ 钢筋应变计通常用于测量基础、泥浆墙、预制桩、船坞、闸门、桥拱、隧道衬砌，等等，可直接埋入混凝土中。连接杆可独立地与钢筋并排安装，较大尺寸的也可直接焊接到钢筋上，焊接建议采用对焊方式，尽量避免搭焊。

现以振弦式钢筋应变计为例 BGK—4911 系列振弦式钢筋应变计用来监测混凝土或其他结构中钢筋或锚杆的应力。内置的温度传感器可同时监测安装位置的温度。振弦式钢筋计具有很高的精度和灵敏度、卓越的防水性能和长期的稳定性。可用专用的四芯屏蔽电缆传输频率和温度电阻信号，频率信号不受电缆长度的影响。适合在恶劣环境下长期监测建筑物的钢筋应力和锚杆应力变化。

(2) 差动电阻式应变计用于埋设在水工建筑物及其他混凝土结构物内部，测量结构物的内部应变以计算其应力。此外也可应用于浆砌块石建筑物或基岩的应变测量，并且可监测埋设点的温度。给差阻应变计增加一些附件，可以制成钢板计及基岩变位计，用于测量压力钢管及钢板的应变及基岩变位。

(四) 温度观测仪器

温度测量仪器是测量物体冷热程度的工业自动化仪表。温度测量仪器按测温方式可分为接触式和非接触式两大类。通常来说，接触式测温仪器比较简单、可靠，测量精度较高；一般的温度测量仪表都有检测和显示两个部分。在简单的温度测量仪表中，这两部分是连成一体的，如水银温度计；在较复杂的仪表中，则分成两个独立部分，中间用导线联接，如热电偶或热电阻是检测部分，而与之相匹配的指示和记录仪表是显示部分。下面主要介绍工程安全监测系统中常用的温度观测仪器。

1. 电阻温度计

电阻温度计根据导体电阻随温度而变化的规律，用来观测坝体、隧洞、厂房等建筑物内的温度。最常用的电阻温度计都采用金属丝绕制成的感温元件，主要有铂电阻温度计和铜电阻温度计，在低温下还有碳、锗和洛铁电阻温度计。

2. 振弦式温度计

振弦式温度计包括一个不锈钢的传感器体，用来安装振弦元件，由于传感器体和钢弦的热膨胀系数不同，因此，可以组成一个简单灵敏的温度测量装置。

(五) 人工测读仪表

对应于不同的监测仪器，生产厂家一般均配备相应的人工测读仪表，如振弦式读数仪、差动电阻式读数仪、压阻式仪器读数仪、伺服加速度计式仪器读数仪等。

以 BGK—408 型振弦式读数仪为例。BGK—408 型振弦式读数仪适用于振弦式传感器的数据采集。仪器选用轻巧的优质铝合金外壳，采用全密封结构设计，可在各种恶劣环境下工作。其体积小、重量轻，携带十分方便。使用先进的锂离子电池供电并且具有充电接口。大屏幕液晶显示器具有高亮背光，即使在夜晚也能清晰显示读数。仪器不仅可直接显示基康各种振弦式仪器的振弦信号与温度，存储的数据还可通过通信电缆连接到计算机上并输出电子表格或数据库。利用 RS—485 通信接口可实现对 BGK—AC—32/64 型集线箱进行自动测量并存储读数。

第四节 安全监测自动化系统

安全监测自动化系统由五部分组成，即监测仪器、测量控制装置、中央控制装置、安全信息管理系统及通信和电源线路。其中监测仪器、测量控制装置和中央控制装置组成安全监测数据采集网络，主要功能是实现监测数据的自动采集。安全信息管理系统的主要功能是对包括监测数据在内的安全信息进行存储和管理，为安全运行提供安全评判和监控依据。

一、安全监测自动化系统的功能和性能

(一) 监测功能

1. 数据采集方式

数据采集系统具有五种不同监测数据采集方式，具有较大的灵活性和可靠性。

(1) 中央控制方式。由监控主机 (现场数据采集计算机) 发出命令，测控装置接收命令、完成规定的测量，测量完毕将数据暂存，并根据命令，将测量数据传送至监控主机内存储。

(2) 自动控制方式 (即无人值班方式)。由各台测控装置自动按设定的时间和方式 (可由人工按需设定) 进行数据采集，并将所测数据暂存，同时自动传送至监控主机内存储。该方式主要用于日常测量。

(3) 特殊条件下应急控制方式。在汛期或其他特殊情况下，电源和通信完全中断时，各测控装置能依靠自备电源继续进行自动化巡测，可维持运行一周，所有测值全部自动存储，等待故障修复后提取。

(4) 人工测量方式。作为一种后备方式，当监控主机或通信线路发生故障时，在通信线路恢复前，采用便携式计算机或键盘显示器进行数据采集或提取自动测量数据；在测控装置发生故障时，采用便携式检测仪进行人工数据采集。

(5) 网络化测量方式。具有网络化管理功能，可实现远端计算机的数据采集、资料查询等。

2. 数据采集方法

监测数据的采集方法有巡测、定时巡测、选测、人工测量。采集周期根据工程要求，运行人员可在监控主机上设定或修改起始测量时间和定时自动测量周期。

3. 显示功能

能显示大坝及监测系统的全貌、网络连接图、仪器测点布置平面和剖面图、各种监测数据过程线等，显示报警状态、所有监测数据、监测成果、有关系统信息。

4. 存储功能

系统所有实测数据分二级存储：测控装置具有存储器和掉电保护模块，能暂存所测数据，存储容量不小于 128kB，存满后自动覆盖，在系统断电的情况下保证不丢失数据；监控主机接受所有测控装置的监测数据，自动检验、存储，对超差数据自动报警，检验后的数据存入数据库中。

5. 数据通信功能

数据通信包括现场级和管理级的数据通信。

现场级数据通信功能：现场测控装置和监控主机之间采用 RS—485 实现双向通信；管理级数据通信功能：信息管理主机可通过电话线、光缆或微波等与现场数据采集计算机之间通信，实现双向通信。

6. 数据管理功能

监控主机具有监测数据监视操作、输入/输出、显示打印等一般管理能力，存储系统所有监测数据，对测控装置传输来的原始测值进行初步处理，供运行人员进行浏览、检查、绘图、打印等，并且具有数据越限报警功能。可调度各级显示画面及修改/设置仪器的参数，修改/设置系统的配置，进行系统测试、系统维护等，完成系统调度、过程信息文件形成、入库、通信等任务。

7. 系统自检功能

系统具有自检功能，可对数据存储器、程序存储器、CPU、实时时钟、供电状况、电池电压、测量电路及传感器电路等进行自检，能在监控主机上显示系统运行状态、故障部位及类型等信息，以便及时维护系统。

8. 系统防雷、抗干扰功能

大坝所处地理位置易受雷击或强电磁场影响。系统通信方式可以采用光缆和电缆相结合，所有暴露在外的电源电缆、通信电缆、信号电缆等应采用钢管保护，同时采取在电缆输入口与机箱之间实施隔离加等电位防雷技术，并对测控装置配置专门的防雷器件，来确保全面的防雷保护。在系统的供电线路、传感器到测控装置的入口等重要部位均应设有防雷设备，采取三级防雷保护措施，确保系统在雷击和电源波动等情况下能正常工作。

9. 系统供电功能

系统供电采用常规供电和后备电源相结合的方式。在系统供电中断的情况下，备用电源自动启动，在每天测量两次的条件下，能保证测控装置连续工作一周，以保证数据测量的连续性。

(二) 系统性能指标

1. 系统平均无故障工作时间

系统平均无故障工作时间≥1万小时。

2. 测量周期

系统可根据工程要求自动定时测量周期，操作员可在测控装置、监控主机、管理主机等计算机上设定或修改，测量周期设定范围为1分钟~1个月。

3. 系统容量

可连接仪器测量模块数量：256台 (可扩至1024台)。

4. 系统工作电源

系统工作电源为：

电压：220VAC ± 20%。

周波：50 ± 1Hz。

5. 系统防雷

传感器、电源和通信：1500W。

6. 系统接地

系统接地电阻：<10Ω。

7. 系统工作环境

计算机房：环境温度：10~30℃；环境湿度：≤ 75%Rh。

测控装置：环境温度：-30~60℃；环境湿度：≤ 100%Rh。

二、系统配套管理软件

系统配套管理软件应具有全图形化操作、界面友好、操作方便等特点，它承担着工程安全监测信息的管理工作，系统配套管理软件由数据采集软件、信息管理软件和数据分析软件组成。

(一) 数据采集软件

数据采集软件是一套可视化的窗口软件，所有监测点均可显示在布置图上，操作和选择屏幕布置图上的测点或采集模块就可以完成对该测点或模块的数据采集、换算、处理、入库等全部过程。对自动采集的数据自动入库；对人工测量的数据，提供了一个人机界面窗口，可键盘输入进库。数据采集软件可支持单机和网络模式，采集软件的功能主要如下：

1. 系统管理

各测点测值超过设定的限值，则给出不同级别的报警，软件具有 24 小时不间断运行的在线监控和分级报警、系统自检、自诊断功能，能对系统各部位运行状态自检、自诊断，并实时输出自检、自诊断结果及运行中的异常情况并存档。

2. 数据通信

实现监控主机 (现场数据采集计算机) 与各台测控装置、监控主机与管理主机 (信息管理计算机) 之间的双向数据通信。通过网络连接或 MODEM，可实现远程数据传输和系统远程控制。

3. 数据采集

数据采集软件采用中央控制方式 (应答式) 和自动控制两种方式。

4. 数据管理

将原始监测数据储存在监控主机的数据库中，可按要求对其进行初步处理，供运行人员浏览和检查。具有完善的临时和历史测值的数据库管理功能。测值数据可显示、查询、检索、绘制过程线、备份、打印。

5. 报警功能

对现场各种异常情况、报警事件进行分析、归类，指出其发生的时间、报警内容，判断发生故障的原因、地点，能以相应的屏幕文字、字体颜色或声音方式发出报警信号，并生成报警事件总汇表，根据设计工程师或运行人员确定的各测点的限值，发出不同级别的报警功能。

6. 图形界面

数据采集软件能形象地显示工程的全貌及图形化显示监测数据，显示实时数据及历史数据的趋势图，实时打印现场各种数据，保证监测资料的完整性和连续性。

(二) 信息管理软件

信息管理系统能够自动获取、存储、加工处理并输入输出安全监测自动化系统采集的监测数据及其他与工程安全相关的信息，并且为数据分析软件提供完备的数据接口，以便利用工程安全监测数据和各种工程安全信息对工程形态做出分析判断，能按技术标准对工程安全监测资料进行整编分析，生成有关报表和图形，做好工程安全运行和管理工作。主要功能如下：

1. 测点管理

安全监测系统中各种监测项目中埋设或安装接入自动化系统的监测仪器测点均为管理对象。

(1) 配置测点属性。测点属性是指该测点的所有特征数据，包括测点点号 (自动监测系统中的专用编号)、测点设计代号、仪器类型、仪器名称、测值类型、监测项目、安装位置、仪器生产厂家、测点物理量转换算法及计算参数、测点数据入库控制、数据极限控制以及测点数据图形输出控制等。

(2) 设置测点算法。

(3) 设置数据入库时段控制。

(4) 设置数据极限控制。

(5) 修改或扩充测点属性。可修改扩充的测点属性有仪器类型、仪器名称、监测量初始值、监测项目、安装位置、仪器生产厂家。

(6) 数据、属性自动跟踪测点的修改，测点的属性是通过数据库中相互关联的表来实现的，使测量数据、算法 (将监测数据转换成监测物理量)、入库控制及报表将自动跟踪修改，使系统具有高度的灵活性和稳定性。

2. 远程控制

系统可通过串口，利用电话线、光缆、微波等通信媒体或网络对系统进行远程控制，实现数据采集软件上的所有功能，并且可对数据采集软件中的历史数据进行提取。

3. 数据输入

(1) 自动输入。可通过自动化系统数据采集软件直接获得或通过数据采集软件的数据库定时提取监测数据并入库。数据入库受测点入库时段和数据极限控制。

（2）人工输入。如有一些监测项目未纳入自动化监测系统，这些监测项目及实现自动化监测之前的人工监测数据可人工输入，既可输入监测数据，也可直接输入监测物理量。直接输入监测物理量是为了适应人工监测点变为自动化测点后，人工输入该点自动化以前的历史数据。

（3）全自动物理量转换和数据过滤。无论是自动输入数据还是人工输入数据，在入库的过程中自动完成监测数据至监测物理量转换并存储。

4. 数据输出

可以输出测点数据图表、数据模板（特殊的数据输出集合）和报表。

（1）测点列表。测点列表中的测点是可选的，并通过测点列表过滤器设置的过滤条件。

（2）多窗口输出测点数据图表。通过输出窗口中附带的快捷键，可以方便地在图形和表格之间切换。可以按需要控制图形的数据输出项、上下限。在表格输出时，可以在线修改、删除数据（登录的用户必须有修改数据的权限，才可以使用该功能）。所有的表格和图形均可输出打印。可以输出多个需要的数据窗口，便于进行数据间的比较与分析。

（3）输出某时段中的测点数据。该功能不仅用于全面检查测点数据，也可以在输出的时间段重新进行物理量的转换，这样可以方便批量更换仪器。

（4）输出测点列表中的测点综合信息。以表格形式显示测点属性，为快速浏览系统测点的综合信息提供了方便。

5. 通过输出模板输出数据

（1）通过数据管理的输出向导输出报表

日报（原始监测数据、日最大、日最小和日平均）。

月报（监测数据日平均、月最大、月最小和月平均）。

年报（监测数据月平均、年最大、年最小和年平均）。

系统信息的报表：提供测点布置信息、测点计算信息等系统信息。

报表数据可以转换为 Word 或 Excel 文件，为二次处理数据提供了方便。

（2）自动创建多点数据输出模板并输出

系统创建多点数据过程线输出模板，将不同测点的不同数据（原始测值或物理量转换的数据）综合到一个输出模板中，可以设置模板的名称、标题、坐标上下限，可设置测点数据的颜色、线宽、数据图形标志，设置好的模板可以存储起来供以后使用。窗口输出的图形可以打印输出。

6. 巡查信息管理

人工巡视检查信息用以弥补仪器监测的不足，每次巡视检查获得的信息可用人工输入，以便资料分析和大坝安全评定时查询和输出历史巡查记录。

7. 工程安全文档管理

有关工程安全的文档包括文字资料和工程图表，可按工程安全注册要求建立，除作为档案保存外，也便于进行资料分析和工程安全监测系统评审时调阅。

8. 备份管理

备份管理提供数据和系统信息的备份与还原功能。

（1）数据备份与还原。将任意时间段的数据备份出来，在必要时还原系统（如恢复系统、数据软盘传递等情况）。

（2）系统信息的备份与还原。该功能可以将有关系统的信息全部备份下来。系统信息包括测点属性、系统中使用的仪器、测点监测项目、安装位置、仪器生产厂家、测点物理量转换算法及参数输出模板设置等信息。

9. 系统安全管理

具有系统设置权限的用户可以填加和删除系统用户，给不同用户设置不同权限，不同用户以自己的口令和密码登录系统后有不同安全级别的操作权限。

10. 软件自动升级

数据库应用软件具有自动创建和升级这一功能，在软件升级时，自动创建新的数据库结构，并将原来的系统信息和测量数据的备份自动还原进入新建的数据库。

（三）数据分析软件

信息管理系统中已为数据分析提供了非常简明的测量数据表，所有测量数据都在一个表中，通过这样的测量数据表，数据分析软件可以很方便地获取数据。

数据分析系统得到的分析结果还可以反馈到数据库中，利用该接口就可以实现通过数学模型来监控工程安全形态。具体包括单点或多点数据浏览及过程线绘制、各监测物理量之间的相关分析和统计模型建模，主要特点和功能如下：

（1）软件设计时采用容错技术，发生错误操作时，不致使运行程序遭到破坏。

（2）软件内有口令设置，可使无关人员不能进行系统操作，提高软件的安全性能。

（3）对变形、渗流、渗压、应力应变和温度等各类工程安全监测仪器和监测项目实测数据进行处理和计算分析。

（4）自动对各监测点的不同监测值或物理量转换成果进行粗差检验和剔除。

（5）渗压进行位势分析和坡降计算。

（6）对任一效应量与环境量或其他原因量进行相关分析。

（7）使用逐步回归方法建立统计模型。

（8）提供各种可选的分析因子（如水压、温度和时间因子等）供用户任意组合选用。

（9）提供简便、快捷的在线模型监控方法。

（10）提供丰富的图形和报表功能，使整个分析过程窗口化、分析结果图形化。

（11）具有各种分析图形的无极缩放功能，用户可在上述分析处理成果的基础上，结合信息系统提供的人工巡视检查信息、工程文档资料、工程安全鉴定资料进一步分析，对工程安全状态做出全面评判，制定工程安全运行和供水调度的正确决策，并且可通过远程通信及时上报分析、评审成果和决策。

第五章　水利工程航空摄影测量

第一节　航空摄影测量

一、航空摄影测量技术介绍

水利工程的不断建设与发展推动了水利工程测绘工作的不断发展。在实际测量过程中，由于工程施工地区的面积、地形地貌、水文特征等多种地理环境的影响，加大了测绘的难度，对部分测绘工作有着技术性要求。与此同时，传统测绘技术的弊端也逐渐凸显，不仅无法保证测量数据的精准度，更无法满足其他对测绘技术的要求，同时造成时间、人员、资金的浪费。而随着科技的不断发展，航空摄影测量技术横空出世，并在各个领域中得到普遍应用，尤其在水利工程测绘方面，不仅满足了现代发展中水利工程测绘工作的要求，更是弥补了传统测量工作中的不足，其测量技术的灵活性能有效解决传统测量工作中的问题，从而降低测量的成本，性价比极高。

(一)航空摄影测量发展现状

航空摄影测量是指通过各类飞行器与航摄仪器对地面进行连续拍摄，在二者联合应用中，控制其对地面目标控制点进行测量、调绘、立体测绘等，结合实际拍摄的图片，最终实现对目标控制点地形图的绘制。随着经济的不断发展，科学技术也在不断进步，而航天航空的发展也不仅仅局限于飞机的研制、使用和对外太空的探索，更多的是对飞行器具的研究，使飞行器具为国家的发展作贡献，航空摄影测量技术的发展正是科技研究人员对这一目标努力的结果。如今，航空摄影测量技术逐渐向无线自动化和信息化转变，利用无人飞行器配合信息技术，能对地面目标实施精准测量，例如，其中的地理信息系统重点对地面进行定点测量，而数字遥感系统更是具有强大的数据储蓄功能，对测量数据进行储存等。此项技术的发展和应用在地质勘察以及海洋监测等诸多方面发挥着巨大作用，对中国社会的发展做出巨大贡献。

(二) 航空摄影测量技术的特点

1. 可靠性

水利工程的建设受到多方面的制约，此类工程具有极高的复杂性，为确保工程建设的质量和安全性，需要在工程实施前做好工程建设的准备工作，工程测绘工作就是其中一项环节，也是最重要的准备环节。采用航空摄影测量技术能够对各种限制因素进行有效规避，通过远程监控，根据设定路线使其飞行并进行测量，增强了飞行器工作的稳定性，提高了测量的安全性，通过航空摄影测量能够对高危地区进行拍摄，利用摄影设备的高精密度，提升了航空拍摄测量的精准度，为水利工程建设提供精准可靠的数据支持，推动了水利工程建设的发展。航空摄影测量对于测量工作有系统流程设计，在工作过程中按照系统流程设计，从而完成测量任务。在拍摄之前，技术人员要按照系统流程完成飞行计划的制作。在飞行过程中，通过系统操控，使其进行实时可视化操作，使飞行器辅助技术操作人员高质量地完成目标点的拍摄工作。飞行完成以后，对飞行路线进行拍摄重现，检查是否有地区遗漏，必要时立即进行补拍工作，以确保拍摄工作的可靠性。

2. 安全性

中国幅员辽阔，地形和地理气候相对复杂，差异大，存在着一个地区多种地理风景的特殊现象。受当地地理因素影响，卫星遥感数据采集技术会受到积雪和云层的干扰，测量结果存在误差，并且由于地理环境复杂，实际测量会对专业人员的生命安全造成一定威胁。而采用航空摄影测量技术能够完美地对上述困难进行克服和解决，凸显了科技发展的重要性。航空拍摄不受限于航高、地形地貌、气候、界限等传统测量时出现的影响因素，保证了操作人员和测量设备的安全性，并且其成像的质量和精准度远远超过传统测量方法。

3. 灵活性

在航空摄影过程中，相对于其他航空拍摄设备而言，无人机的使用率比较高。无人机操作灵活，方便学习，而且运动范围大，限制因素少，对于起降场地的要求低。在利用无人机进行摄影测量过程中，飞行起飞前的准备时间短，工作量小，在起飞后的测量工作中，根据其自身体积小、飞行时灵活性高的特点，能在短时间内完成拍摄工作，并且其储存功能可以做到随拍随保存，有效地缩短了航空摄影测量的工作时间，充分体现出其灵活性的特点，提高了测量工作的效率。

二、航空摄影基本规定

（1）在这里适用于 1：500、1：1000、1：2000、1：5000、1：10000 航测成图。

（2）像片控制点对于最近的基本平面控制点的平面位置中误差，以及对于最近的基本高程控制点的高程中误差，均须控制在规定值以内。同样，内业加密点、地物点、高程注记点相对于最近的解析图根点的平面位置中误差，以及相对于最近的图根高程控制点的高程中误差，也需满足规定的误差限值。此外，图幅内的等高线高程中误差亦不得超过规定的标准。

（3）在山地或高山地区域，针对某一特定地面倾斜角位置或图幅内指定的地面倾斜角区间内，等高线的高程中误差应当不超过根据该地面倾斜角值（或指定区间内以 2/3 正区间，即从较小倾斜角延伸至较大倾斜角的范围内所选取的一个代表倾斜角值）所计算得出的允许误差值 mh。平地、丘陵地不论何种地面倾斜角（小于 6°）处的等高线高程中误差不得超过各自所属地形类别的图幅等高线高程中误差规定值。平地、丘陵地图幅内的个别山地、高山地不列入图幅等高线高程中误差的计算，应单独按下式的规定计算其等高线高程中误差。

$$m_h = \pm\sqrt{(0.86a)^2 + (0.76b \times \tan a)^2} \tag{5—1}$$

式中：m——等高线的高程中误差，m；

a——高程注记点的高程中误差，m；

b——地物点的平面位置中误差，m；

α——检查点附近的地面倾斜角，°。

（4）在大片森林、沼泽及沙漠等区域，其高程中误差的允许范围可适当放宽至正常标准的半倍。平面位置中误差亦可放宽半倍。山地、高山地不得大于图上 1.0mm。平面区域网用于平地、编制无须计算投影差的影像（纠正）平面图时，外业无须测高程控制点，供内业平面区域网加密使用的高程点精度仅需确保平面加密点的精度即可。当需编制计算投影差的影像（纠正）平面图时，则平面区域网需外业测高程控制点。

（5）像片控制点和内业加密点的高程中误差。在 1∶500～1∶2000 成图时，可分别按不大于 0.07H/100K 和 0.20H/100K 的要求执行；在 1∶5000、1∶10000 成图时，可分别按不大于 0.05H/100K 和 0.15H/100K 的要求执行。其中航高 H 和高程中误差的单位为米，K 为像片放大成图倍率。

（6）平面区域网用于平地、丘陵地、山地（高程应为全野外布点）立体测图时，像片控制点的平面及高程中误差，按规定要求执行。

（7）高程注记点应选在明显地物点和地形特征点（平地可按均匀分布）上，其密度应视图上负载量的大小而定，在图上每 100cm^2 内，平地、丘陵地测注 10～20 个；山地、高山地测注 8～15 个。

（8）航摄必须根据水利水电工程规划设计阶段的实际需要，结合现有装备、测区情况决定能确保质量又经济合理的航摄比例尺和航摄仪的焦距、类型、软片、选择航摄季节及提出特殊的技术要求等。

（9）航摄及航摄资料方面的各项要求以及检查验收、可按现行的国家相应成图比例尺的航空摄影规范执行。展点误差应不大于图上 0.1mm，所展图廓、格网长度与理论值之差不得大于规定。

（10）测图与调绘应采用现行的《国家基本比例尺地图图式第 1 部分：1∶5001∶10001∶2000 地形图图式》《国家基本比例尺地图图式第 2 部分：1∶50001∶10000 地形图图式》和水利水电工程相关制图标准。

三、像片控制点布设

（1）像片控制点（简称像控点）在像片上的位置，除需满足各种布点要求外，应符合下列基本要求：

① 像控点应布设在航向 3 片重叠范围内；若上下相邻航线公用，则还应布设在旁向 5 片或 6 片重叠范围内。

② 像控点距像片边缘不得小于 1cm；距像片上各类标志不得小于 1nm。

③ 像控点应选在旁向重叠中线附近；当离开方位线距离小于 3cm

（18cm×18cm 像幅）或 4cm（23cm×23cm 像幅）时，则上下相邻航线应分别布点。

④ 因旁向重叠过小，上下相邻航线的像控点不能公用时，应分别布点；此时两点裂开的垂直距离不得大于像片上 2cm。

⑤ 如按图廓线划分测区范围，像控点应布设在图廓线以外；以用图需要划分测区范围，像控点应分布在用图范围线以外。

（2）纠正仪制作影像平面图采用全野外布点，当像片高差在半带纠正范围内时，应在隔号像片应用面积的四角及主点附近各布一个平面点；如超过半带纠正范围时，则应将平面点改布为平高点。布设在像片四角的平面点或平高点应形成矩形分布。

（3）精测仪测图和正射投影仪用全野外布点制作影像平面图时，应在每个立体像对的测绘面积四角各布一个平高点，当 K 大于或等于 4 时，应在像主点附近再各布一个平高点。像对四角的平高点应形成矩形分布。

（4）区域网应由 2~10 条航线组成，而且不同的 K 值不应超过规定的航线数。

（5）区域网沿航向相邻平面点间、高程点间的基线数 n，并规定 n 不应大于 12。

（6）平面区域网沿航向周边应布 3 个平面点，其相邻两平面点间的基线数 n。布垂直航向周边的平面点应间隔的航线数，按规定值进行布设。平面区域网用于平地制作无须计算投影差的影像平面图时，内业平面加密所需高程点可从成图比例尺相近地形图的平地地形中取得；其高程点可隔一条航线按平面点间隔布设（即隔一条航线取用 3 个高程点），有平面点处，平面与高程应结合布设。平面区域网用于平地、丘陵地、山地（高程应为全野外布点）立体测图时，则所布设的全野外高程点应与平面区域网周边的平面点相结合。平面区域网边界不规则时，应在区域网周边的凸角布成平面点；而当沿航向的凸凹角间距大于或等于 3 条基线时，则凹角亦应布平面点。平面单航线布点沿航向跨度应小于区域网网长时，应在航向跨度两端及中间布 3 对平面点，同时结合平面区域网布点中的有关要求执行。

（7）按图幅中心线或图廓线飞行时，宜按图幅布点；对不整齐测区和测区不大的水利水电工程以及航线斜飞时，宜按航摄分区布点。按航摄分区布点，可在一个分区内组合一个或几个区域网；按图幅布点，可在一个区域网内组合若干图幅，亦可若干图幅与几个区域网组合在一起，根据既能确保精度又经济合理的原则，构成优化的布点方案。

（8）凡航摄漏洞、航线接头上下错开，像主点或标准点落水，零星岛屿，水滨、水库、海滨地区，导致室内加密难以按标准点连接构网或难以立体定向及测图时，则此部分像片应从区域网中划出，按不同情况，另外用不规则区域网、单航线，双模型、全野外布点等方式来满足内业电算加密，影像平面图测图（平高全野外布点）、单像对立体测图（平高全野外布点）的要求。

四、像片控制点测量

（1）像控点可按解析图根点的平面精度要求和图根高程控制点的高程精度要求测定。像控点的刺点误差和刺孔直径不得大于0.1mm。像控点应刺在影像最清晰的一张像片上，孔要刺透，不得有双孔，刺偏时应换片重刺。像控点所选刺的目标，根据点位说明、略图、刺孔三者的综合判点精度应达到图上0.1mm。像控点点位目标必须选刺在影像清晰的明显地物转折角顶，细小线状地物接近正交的交点，小于0.2mm的点状地物中心等处严禁选刺在不易定位的地物（如弧形地物等）、影像不清的地物和非固定地物（如地物的阴影、临时堆放物等）上。像控点点位说明与略图必须在实地完成，刺孔、说明和略图应严格一致，不得相互矛盾。

（2）放大成图倍率大，点位目标难以保证内业刺点，判点精度的地区应在航摄前布设地面标志。

（3）高程点及平高点应选刺在高程局部变化小的地方，不得选刺在陡坡上或尖细顶部等处。当点位选在高出或低于地面的地物上时，应量出其与地面的比高，注至厘米，并加绘断面图。一、二、三、四等三角点、导线点、水准点均宜准确刺出；当三角点不能准确刺出时，应点绘出判估位置，并用虚三角形符号表示；当水准点不能准确刺出时，可从四周明显地物点步测交会后，点绘出其位置，再用虚水准点符号表示。点位误差相对于明显地物点不得大于像片上0.5mm。不论是刺出或点绘出的三角点，水准点均应绘点位略图并加注点位说明。标石面至地面的高差应在实地量注至厘米，并规定地面比标石面高的取正号，地面比标石面低的取负号。控制像片只整饰刺点片，正反面整饰均应规格、整洁、清晰，不得潦草。

五、像片调绘

（1）像片调绘必须判准绘清，图式运用恰当，各种注记准确无误。对地物、地貌元素的取舍以图面允许负载量为准，应既具有实地细部特征，又保持图面清晰易读为原则。

（2）有影像的地物及地貌元素应按影像准确绘出，其最大移位差不应大于像片上 0.2mm，在航摄后不再存在的地物必须在原影像上用红色绘"×"。对航摄后的普通新增地物不再补测，对较重要的新增地物应补测。补测较重要的新增地物应在成图后实地进行。当成图比例尺与像片比例尺相差较大时，应根据地物复杂情况，选用 K 值为 1.5～4.0 范围内的隔号放大像片进行调绘，并配印一套接触晒印像片供立体判认。

（3）像片调绘可采用野外调绘法（以野外调绘为主）或综合判调法（以室内判绘为主，结合野外补调）。调绘像片的现势性要好，基本无隐蔽性地物，摄影后实际地物变化不应超过 5%。

（4）各类注记、影像未显示的地物、性质难以判明的地貌元素必须在野外补调；在补调中发现的差、错、漏必须在实地进行改正。查出的差、错、漏数量占被检查部分可判地物、地貌元素总数 10% 以上时，该图幅应退回作业者重新判绘。

在隔号像片上绘出测区范围线时，应以地形图上标出的测区范围线为准向外绘出 4mm。调绘工作边应在隔号像片的航向及旁向重叠中线附近绘出，并不得产生漏洞或重叠。工作边距像片边缘应大于 1cm，并且应避免与线状地物重合或分割居民地。

（5）1∶5000、1∶10000 比例尺成图的调绘可统一采用现行图式规定的简化图式符号。调绘依比例尺表示的地物，应准确绘出其外轮廓线；调绘半依比例尺表示的地物，应准确绘出其定位线；调绘不依比例尺表示的地物，应使影像与符号的定位点相互准确重合。

（6）采用影像平面图测图时，当地物、地貌比高大于或等于 1m（1∶500～1∶2000 比例尺测图时）以及比高大于或等于 2m（1∶5000，1∶10000 比例尺测图时），应由外业适当测注；当采用立体测图时，由内业测注，但底部影像不清时，则由外业量注。比高在 3m 以下注至 0.1m，3m 以上注至整米。调绘片清绘颜色，描绘地物及其注记用黑色，地貌符号及其注记用棕色，水系用绿色，而双线河流、运河、沟渠以及湖泊、水库用蓝色普染，特殊情况说明用红色。1:5000，1:10000 比例尺使用简化图式时，可按简化图式符号的要求与规定颜色 (除水系仍按绿色) 执行。自由图边应在像片上调绘出图廓线外 4mm，并且需经第二人检查和签名。调绘片间接边，不得改变其实际形状及相关位置。接边外的房屋轮廓、道路、河流、植被、地貌等的性质、等级、大小和符号以及各项注记均应符合一致。

六、影像平面图测图

(1) 影像平面图测图可用于平坦地区以及按成图比例尺制作的影像平面图。应采用外业调绘地物、地貌，并测注高程注记点，测绘等高线或补测航摄漏洞以及无影像部分的地物、地貌。

(2) 影像平面图测图范围内测站点级控制以上的高程应以水准布设。测站点的布设位置与密度应满足实际作业的需要，并符合不超过最大视距的要求。测站点既可取用图上已准确刺出或展绘出的各级控制点及明显可靠的地物点，也可利用图根点或基本控制点测定。在缺少控制点及明显地物稀少的个别小块困难地段，仅为测定地形点及等高级 (不补测地物) 时，可采用图解交会法或截距法确定测站点平面位置。

(3) 碎部测图应用平板仪或经纬仪配合小平板仪测定碎部点碎部测图时，测站上仪器对中偏差不应大于图上 0.05mm。碎部测图时，图板定向应取图上相距 8cm 以上的控制点或明显地物点标定方向，并用其他方向进行检查，检查点偏离检查方向的垂距每 10cm(图上检查方向的长度) 不应大于 0.4mm。

(4) 用视距法测定碎部点的最大视距不得超过规定。

(5) 用经纬仪测垂直角确定碎部点高程时，垂直度盘指标差不得超过 ±30°。当用其他方法确定碎部点距离时，除应确保碎部点的平面及高程精度外，还应符合能实地看清绘准地物、地貌的原则。

(6) 每站应设置重合碎部点进行检查，重合点不应少于 2~3 点；重合点的高程较差不应大于高程注记点中误差的 $2\sqrt{2}$ 倍；重合点的平面位置较差不应大于地物平面位置中误差的 $2\sqrt{2}$ 倍，均取中数作为结果值。

七、照相、晒印与冲洗处理

(一) 照相

（1）内业加密、测图和正射影像图扫描片应采用涤纶软片，影像平面图测图片应采用白底涤纶片。涤纶软片的不均匀变形应小于 1.5/10000。外业调绘片可采用相纸。

（2）应根据航摄底片的密度和反差，正确选择感光材料的型号和选配药液，显影液温度宜在 18～20℃之间。

(二) 晒印

（1）晒印前需进行试验，应在得出正确曝光、显影时间后，开始作业。晒印时要确保压平严密，并且应使晒相材料的机械运转方向与航摄底片的机械运转方向垂直。定影和水洗应通过试验确定温度与时间。水洗应单张放入，片与片之间不得相互重叠，并且应定时做适当搅动；流动水洗时间，应掌握既能把药液冲洗干净，又不致引起药膜变软而引起影像漂移为原则。涤纶软片晾干时，不得夹挂一角，以防局部变形。晒印完成后，可用目视法对复制片进行检查，应达到影像清晰、反差适中、色调正常；同时框标影像亦应清晰、完整、齐全。当大量晒印涤纶片时，宜用密度计抽样测定密度数据，其各项数据值应符合规定。

（2）复制涤纶片因质量不符合要求而重印时，应另注重印日期，另行装袋，以确保内业加密时，对其单独进行变形测定。对地物亮度特小或特大地区，应采用电子印像机印像。

（3）晒印真、假彩色透明软片或像片应使用色温稳定的曝光光源、曝光定时器、彩色晒印专用安全灯和稳压电源。彩色晒印材料的总感光度误差应小于 GB1°，各乳剂层灰雾度不大于 0.3。晒印真、假彩色像片时，应分别以标准彩色样片或以本地区特定景观的假彩色样片为准，用滤光片进行校色及曝光试验，取得符合样片的试片。

(三) 冲洗处理

(1) 冲洗时显影的温度和时间应按配方要求进行控制；显影液温度与配方所要求温度之差不宜超过 ±0.5℃，漂定液温差不宜超过 ±1℃，中间水洗温差不宜超过 ±3℃，并且应及时添加补充液，以保证液体成分和 pH 值不变，而且要求彩色透明软片和像片应在 85~90℃的条件下进行快速干燥。

(2) 复照时，应正确选择感光材料型号和药液配方，并将被复照的图件、软片、像片等严格压平。检影时，应在允许的长度误差范围内，确保影像的清晰。复照图边的宽度不得小于 1.5cm，边长与理论值之差不得超过 0.2mm。

(3) 照相植字的字体、字级、字隔和符号的规格必须符合现行图式和技术设计的要求，并且应根据不同字体、字级，调整电压，以保证曝光正确。复照底版的显影、定影、水洗要充分，冲洗处理后，片基应透明度好 (灰雾度应小于 0.1)，黑度大 (密度应大于 2.5)，字隔均匀，排列整齐，字的笔画完整、光洁、清晰。晒蓝的涤纶图膜与原图图廓、格网长度不应有误差。晒出的涤纶图膜要底色干净、影像清晰，无双影、虚影、缺影和跑蓝现象。纠正仪放大晒印调绘像片或其他像片时，应确保纠正仪底片平面、镜头平面和承影平面的平行性。

八、解析法空中三角测量

(1) 平高区域网、平高单航线、平高双模型所加密的平、高加密点中误差；平面区域网、平面单航线所加密的平面加密点中误差均不得大于规定。

(2) 加密点目标除满足点位分布要求外，应符合影像清晰、明显、易于转刺，有利于准确量测。当 K 值大于 2.5 时，应采用立体转刺仪进行刺点及转刺，其刺点、转刺点误差和刺孔直径不应大于 0.06mm；当 K 值小于 2.5 时，可在立体镜下进行，其刺点转刺点误差和刺孔直径不应大于 0.1mm。并规定本航线的相邻像片间的点均不转刺，相邻航线的点 (包括可以转刺的标准点) 均应转刺。采用辅助点及方位线方向，应精确刺出主点；辅助点定向还应在过像主点的 X 或 Y 轴上，距像片边缘约 1.5cm 处刺出辅助点。同期或非同期成图和相同或不同航摄分区接边时，外业控制点与加密点应相互转标或转刺。

九、影像平面图制作

(一) 影像平面图

(1) 影像平面图可采用纠正仪或正射投影仪进行制作，其影像平面位置中误差在1∶500~~1∶2000或1∶5000，1∶10000比例尺影像平面图上应分别不大于0.50mm或0.44mm。其影像放大倍率应不大于4~5倍，以放大3倍左右为宜。平地宜采用纠正仪作业，丘陵地宜采用零级或一级正射投影仪作业，山地宜采用一级正射投影仪或高级正射投影仪作业。用纠正仪制作影像平面图，当纠正底片应用面积内的地形高差不大于半带纠正高差限值时，无须进行投影差的计算与改正；大于半带纠正的高差限值时，应进行投影差计算与改正；不大于一带纠正的高差限值时，应采用一带纠正；大于一带纠正高差限值时，应进行分带纠正，分带纠正的带数不宜超过三带。

(2) 投影差改正数 (δh) 可按下式进行计算，δh 计算至0.1mm，在图上进行改正。当 δh 为正值时，应在像底点与纠正点的连线上，按离开底点方向进行改正，否则改正方向相反。

$$\delta h = \frac{\Delta h}{H - \Delta h} \times R \qquad (5—2)$$

式中：δh——投影差改正数（mm）；

R——图上像底点至纠正点的距离（mm）；

H——相对于纠正面的航高（m）；

Δh——纠正点相对于纠正面的高差（m）。

(3) 纠正底片上应刺出6个纠正点、像底点、控制点以及多余纠正点，转刺误差不得大于0.1mm；当底片放大倍率大于3倍以上时，应在底片背面以小圆圈转标，不刺孔。

(4) 纠正仪制作影像平面图的各项限差不得超过规定。纠正对点超限，经检查纠正点确无错误时，方可进行横向离心。

(5) 分带纠正时，由起始带纠正面转至其余各带纠正面时，由转带本身所引起的转带误差不应大于图上0.1mm；底点的投影位置应与图板上的相应位置重合。分带纠正时，带的边缘线可由立体测图仪测定，或根据已有地形图上的等高线来确定，其高程误差不应大于1/4带距。像片上纠正点、底点、控制点的打孔位置与图底上的镶嵌对点误差、镶嵌线重叠和裂缝误差、片与片之间的切割镶嵌线不得偏离像片上纠正点连线外3cm。切割线应通过接边误差小、色调基本一致的地方，应避免通过居民地、小山包、重要的小地物、线状地物的交叉点，并不得沿线状地物切割。

（6）不论采用纸条法镶嵌，还是采用预先分片切割法镶嵌，其光学镶嵌线离纠正点连线不得大于图上1cm。光学镶嵌线的重叠与裂缝，以及各项接边差不得超过规定。采集断面数据宜采用精密立体测图仪、解析测图仪，或其他能取得满足数据点精度要求的设备进行。

（7）采集断面数据的范围必须覆盖正射投影仪扫描的作业范围。横断面的间距应根据要求的精度、地形坡度、地貌完整及破碎程度等因素来确定，横断面宽度可与所选定的正射投影仪扫描缝隙长度相匹配。

（二）正射投影仪

（1）正射投影仪上扫描片的平面定向点不应少于4个，并且需具有最大控制面积，平面定向点经定向配赋后，测标位置与点位之间的不符值，以像片比例尺来衡量，不应超过0.03mm，且最大值不应超过0.05mm。对于零级正射投影仪，其扫描缝隙的长度（以毫米为单位）可依据具体仪器型号而有所不同。

（2）对于一级正射投影仪的缝隙长度，可按上述公式算出的平地、丘陵地、山地的W值，分别放宽1/3、1/2、1倍作为参照值，再结合不同仪器的具体情况进行选择。

（3）缝隙宽度（D，以毫米计）应结合不同仪器，以及黑白片或彩色片等具体情况进行选用。D值在采用黑白片时宜为0.1mm或0.2mm，采用彩色片时宜为0.3mm。

（4）正射投影仪作业前，可根据扫描片的平均密度、正射图底片类型和摄影处理等情况确定灰楔的基本安置值。在正式扫描制印正射影像图前，应做局部扫描晒印试验，以确定曝光量、扫描速度等技术参数。影像平面图应扫描出图廓线外1cm。

（5）当需采用光学镶嵌或切割镶嵌，将多张正射影像底片（或像片）制作成一幅影像平面图时，其各项限差按相应规定执行。

影像平面图测图使用的平坦地区影像平面图应展出图廓点、格网点、底点、控制点等。影像平面图内不宜表示地物，不绘注地貌元素符号、等高级及高程点。影像平面图应参照已有地形图，择要注出居民地、河流、山名、湖泊、水库等地理名称。影像平面图图廓的内外整饰内容可根据实际需要，选择图廓内外的整饰内容。影像平面图可按专业用图的特殊需要，增加影像平面图的表示内容。

十、立体测图

(一) 精密立体测图仪

(1) 精密立体测图仪测图时应在式中所算出的 $m_{模\,mim}$ 及 $m_{模\,max}$，结合安置高程分划尺及仪座传动比，选用最大模型比例尺。

$$m_{模\,mim} = \frac{H_{max}}{Z_{max}}$$

$$m_{模\,mim} = \frac{H_{min}}{Z_{min}}$$

$$(5—3)$$

式中：H_{max}、H_{min}——测区内相对于最低点，最高点的相对航高（m）；

Z_{max}、Z_{min}——在所采用的航摄仪焦距条件下，仪器 Z 行程的最大值、最小值（m）；

$m_{模\,mim}$、$m_{模\,max}$——所选求模型比例分母的最小值、最大值。

(2) 不论采用透明正片还是负片，精密立体测图仪均应使框标标志严密对准像片盘的相应标志，其对准误差不应大于 0.05mm。精密立体测图仪应安置改正后的焦距 $f'\,f$ 值至 0.01mm。当电算加密与立体测图工序相隔时间较长时，则应检核电算加密提供的 f' 值是否有变动。精密立体测图仪定向时应安置按电算加密提供的外方位元素值。精密立体测图仪测图时相对定向点上的残余视差，绝对定向点上的高程和平面残差均应配赋，并且应使控制点及内业加密点上的残余视差不得大于 0.03mm（按测标直径来衡定）。精密立体测图仅绝对定向后的平面对点残差的限差，在平地、丘陵地不应大于图上 0.4mm，个别不应大于 0.5mm；在山地、高山地不应大于图上 0.5mm，个别不应大于0.6mm。绝对定向后的高程定向残差的限差，在室内高程加密或高程全野外布点时，平地、丘陵地、山地、高山地应分别不大于相应基本等高距的加密点高程中误差或高程注记点高程中误差的4/5。

（二）解析测图仪

（1）解析测图仪进行像片内定向时，测标应严格对准框标，框标坐标的量测误差不应大于0.01mm。

（2）解析测图仪可采用6~9个点进行像对的相对定向，各点的残余视差不应大于0.005mm，个别不应大于0.008mm。

（3）解析测图仪进行像对的绝对定向时，平面对点残差的限差在平地、丘陵地不应大于图上0.2mm，个别不应大于0.3mm；在山地、高山地不应大于图上0.3mm，个别不应大于0.4mm。高程定向残差的限差，在室内高程加密或高程全野外布点时，平地、丘陵地、山地、高山地应不大于相应基本等高距的加密点高程中误差的3/4倍，或高程注记点高程中误差的3/5。

（三）立体测图

（1）立体测图所测绘的地物点平面位置中误差及高程注记点高程中误差。

（2）立体测图时，等高线与高程注记点的切绘中误差不应大于0.03H/b（以米计），地物辨绘中误差不应大于图上0.2mm。

（3）立体测图时，像对测绘面积不得超过像片上定向点连线外1cm，距像片边缘不小于1cm，同时亦不应超过图上定向点连线外3cm。

（4）立体测图时，相邻像对地物接边差不得大于2倍地物点平面位置中误差，等高线接边差不得大于2倍图幅等高线高程中误差，当基本等高距在图上间距小于1mm时，则按地物接边差规定执行。每个像对测完后，必须经检查并修改符合要求后，才能下仪器。整幅图完成后，应做自我检核，并在各项问题处理完毕后，方能交付下一个工序。具有清晰影像的地物（除个别实地已发生变化外）均应以立体影像为准，按调绘片进行测绘。当测绘依比例尺地物时，测标应立体切准地物影像的轮廓线；测绘半依比例尺或不依比例尺的地物时，则测标应立体切准地物的定位线或定位点。

（5）测图中选测高程注记点的要求与密度应按规定执行；其高程的数

字注记除 1：500、1：1000 比例尺测图注至 0.01m 外，其余均注至 0.1m。在瀑布、跌水、堤坝、路堑、路堤、陡坎、冲沟、陡崖等处应适当测注大于或等于 1m（1：500 ~ 1：2000 比例尺测图）或大于或等于 2m（1：5000，1：10000 比例尺测图）的比高。测图时，等高线必须用测标准确实切，不得随手勾绘；在等倾斜地段，计曲线间距在图上小于 5mm 时，中间可不测首曲线。

（6）地貌表示应以等高线为主，恰当配合各种地貌符号，准确显示地貌特征，当在山头、山麓、坡折地、台阶地等的倾斜变换处，首曲线不能显示地貌特征和形态时，应加测间曲线，测绘等高线拐点应与地貌的合、分水线相套合一致。首曲线间距大于 5cm 的平坦地区应插绘间曲线。凹地及凹凸难辨的地形应加绘示坡线。辨绘调绘片上各类地貌元素符号时，应与立体模型相应部分准确套合，如不套合，应对其大小、形状、方向做出修改使符合一致；当具有坡度的地貌符号与图式规定的坡度局部或全部不相一致时，则应局部或全部改用等高线（或再配置适当地貌符号）表示；如调绘片上所绘陡石山符号，以实际等高距间隔衡量坡度不足 70° 部分，应改用等高线配合露岩地符号表示。森林覆盖区能见到的地表部分应照准地表切绘；当见不到地表，只能沿树冠切绘等高线时，应加树高改正。沟渠、河道宽度应按图式要求分清单线或双线。较大河流、湖泊、水库，应按摄影水位线，在图上相距 10 ~ 15cm 测注一个水位点。

（7）同比例尺同精度图幅接边，地物平面位置较差或等高线的高程较差，不应大于地物平面位置中误差和或图幅等高线高程中误差之和的 $\sqrt{2}$ 倍。然后按其中误差的比例进行配幅接边。

十一、航空摄影测量在水利工程地形测绘中的应用

（一）在数据控制方面的应用

由于中国地理环境的特殊性，通常水利工程的施工现场地形比较复杂，在施工现场可能存在着山地地形，或者是被积雪覆盖、被树木等植被覆盖，并且地表结构复杂，导致施工的难度增加，水利工程建设开展进度比较慢，影响整体工程的建设速度。在传统的测量过程中，通常技术人员使用光学仪

器进行数据的测量与采集，在遇到障碍物时，仪器将无法继续测量，最终这种断续性测量方式会导致测量结果不准确。而无人机轻便小巧，不仅可以克服障碍物的阻碍，还可以对其进行数据记录，并且能够将测量的数据和行进路线等完整地呈现出来，施工团队不仅有测量数据的参考，还有行进路线的参考。其对于数据的控制、水利工程建设设计和施工方向进程都有导向性作用，从而提升水利工程建设工作的效率。

(二) 在精准位移上的作用

航空摄影测量技术的应用可以建立在空间范围之上，利用其灵活性和可靠性的特点对所需要测量的物体方位进行测量，并使用空间坐标将其完整地表示出来，使工程师有直观的感受。在水利工程项目建设中，堤坝位置的确定是一项重要工作，水利工程是对水资源的储存和运行进行加固或改造，对民生具有重要意义，其位置和建造都需要对水流量和压力等条件进行综合考量，否则会减短堤坝的使用寿命，甚至造成溃堤，导致整个工程崩塌，对人民造成不可挽回的严重损失。而航空的摄影测量技术具有数据分析系统，可以对水流的流速及其压力进行计算和分析，方便工程师确定堤坝建造的位置和建造工艺以及精准位移，进而提升水利工程建设质量，增加社会效益，保障人民的生活生产安全。

(三) 在工程检测上的作用

在水利工程建设施工中，因为自然条件的不稳定性，部分已经完工的工程项目会因此遭到破坏，给日后工程投入使用埋下隐患。通常情况下，这种隐患不会被肉眼检测出来，因此，需要采用航天摄影测量技术对其进行反复检查，其中的信息技术处理系统蕴含的接收和定位系统能够直接显示器件检查到的建筑隐患，如果真实存在安全隐患，应立即停工，对隐患部分进行严密的重复施工。在实际施工中，应用该项检测技术进行定期的反复检查，对一项工程而言，安全问题是其建造成功的必然条件，若是无法保证其质量安全，那么此工程的建造除了资源浪费，不具备任何意义，而此技术的存在可以完美解决该问题，从而提高工程质量。

(四) 在校准基站中的运用

在基站校准过程中发现，现阶段进行基站校准的过程中具体包括如下两种方式：

（1）搜集现有数据，并通过数据分析得出相应的水利工程坐标数据，再直接在手册中输入坐标数据，然后根据相应数据结合流动站上相应的地理参数，对所有数据进行解析，并将坐标数据与相应的地理数据进行替换。在这一方法的实际运用过程中，一般会用于已知点水利工程基站的数据分析。

（2）搜集流动站控制点测量过后的坐标。现阶段此方法主要用于随机放置的参考基站考察。但是在实际测量过程中，要想使得航空勘探中具有的作用能得到有效发挥，就必须从三方面对航空的飞行质量进行具体控制和管理：① 对照片的倾斜度进行严格控制，在飞行拍摄过程中用的照片倾斜度必须保证小于等于3°，若是此过程中发生错误，则需要严格执行测量要求的情况下，检查拍摄测量方法，使其始终都在正确测量的范围内；② 为保证能够对整片测量区域进行全面拍摄，在重叠程度小于拍摄最小限度时，则需要拍摄员根据实际情况调整飞行距离，促进拍摄测量飞行任务圆满完成；③ 在对飞机摄像图片进行处理过程中，必须控制路线图像的曲率，并保证其不能超过原曲率的3%，旋转角度必须小于等于6°。

(五) 在地形图测绘中的运用

对航空摄影测量技术运用的真正目的在于运用正交投影图像将地面中心投影图形进行显现，在此过程中会运用到模拟法、分析法等常见方法，因此，为保证测量结果测得准确性，需要在内部执行过程中，严格监管映射控制点，并对其进行加密处理。首先，从常规的三角剖分法角度进行分析，一般运用于地形较为平坦地区进行水利工程检测，但是三角剖分法与其不同，其在运用过程中主要是在丘陵、山脉等地区的水利工程开展分析和检测，若在航空拍摄过程中运用该方法，则需要在三角剖分法的基础上进行。其次，在进行野外作业过程中，需要对其中关键点给予高度关注，以此提升地形图测绘的效果。关键点如下：在开展光控点进行联合测量过程中，通常需要借助常规测量的方式对地面的高程和平面坐标进行确定；对于拍摄区域中未进行拍摄、新添加的水利工程以及更重要的工程建设地点，必须在调查中获得地名记录，并对其实施标记；在实际测量以及测绘过程中，需要室内、室外、室内外结合三种方式开展工作。

(六) 在误差处理中的运用

首先在传感器错误处理中的运用。在使用无人机进行航空测量过程中，为保证传输图像以及航空测量数据能够及时传输回地面，会运用到实时传送的方式开展工作，在此过程中，通常会在飞行器械上携带无线传输模块，为减轻飞行器械的负荷量，在实际航空测试过程中，一般会安装比较小的传感器模块，但是此种模块的测量结果与功能齐全的传感器模块相比，传输的效果会根据实际状况而发生变化，使得效果不稳定并存在效果减弱的情况。在此种情况下，传输回地面的数据容易出现错误，无法保证其真实性，图像也会存在失真的情况。为解决上述问题，需要根据实际拍摄情况，对通信设备进行更新和替换，提升水利工程测量过程中摄取的数据和图像传输设备以及尺寸的精准度，保证其无论在哪种航空测量器械中都能进行安装和使用，并且数据具有精准性高、图片画质清晰的优点。在航空拍摄过程中，会受到外界很多因素的干扰，会与原定的航行有一定偏差，或者无法运用合理有效的角度对数据进行绘制以及图像的拍摄，因此无法保证数据的准确度和清晰程度。为减少上述问题，或在已经出现时能对其进行有效解决，在拍摄过程中，要及时与气象部门取得联系，选择在晴天进行航空拍摄，减少自然因素在航空拍摄过程中的干扰和影响。

(七) 航空拍摄技术在水利工程测量应用时的注意事项

1. 按照设计图纸来进行选点工作

在开展水利工程测绘时，应以图纸设计为基础开展选点工作，在此需要注意以下三个方面：在测绘过程中需要选择交通便利的地点开展工作，以此方便航空拍摄设备的放置以及操作作业的完成；若是运用无人机进行拍摄操作，为减少作业执行过程中出现拍摄视线被遮挡的情况，需要在拍摄过程中选择视野开阔、空中没有障碍物的地区，并选择水域较小的区域；在选点过程中，需要认真仔细、谨慎入微，严格开展选点工作。

2.航高和摄影比例的确定

在拍摄过程中，图片的倾斜角要小于等于 3°，若是存在误差，需立即停止拍摄，并对摄影测量方式进行抽查，使得成图质量得以有效提升和保障。为扩大图片拍摄过程中包含的区域，使其能覆盖整个绘制区域，应当对重叠度进行限制，在其小于最小限定值时，应根据实际需要增加航班，提升飞行测量效果。在拍摄完成后，对航线图像弯曲度进行处理过程中需要对其进行控制，使其不得超过 3%。

第二节　地面摄影测量

一、地面立体摄影测量

(一) 基本要求

(1) 地面立体摄影测量适用于测绘山地、高山地的 1：500 ~ 1：5000 比例尺地形图。

(2) 地面立体摄影测量的基本精度要求应符合规定。

(二) 外业准备工作

(1) 搜集测区已有资料。原有地形图、测区内及附近的平面图高程控制点成果。

(2) 了解用户要求、测区范围、成图比例尺、技术要求和精度要求。

(3) 领取摄影经纬仪、外业控制测量仪器、摄影干版或软片、相纸、冲洗晒印药品及用具、控制测量手簿、摄影手簿以及计算手簿、控制成果表与摄影成果表等。

(4) 作业前应对仪器进行检校。

(三) 实地踏勘内容

(1) 确定测区范围。

(2) 查找外业控制点。

(3) 了解地表植被覆盖情况、光照条件、地面坡度和交通情况。

(4) 选定摄影基线位置。

(5) 推测可能产生的摄影漏洞。

(四) 拟订外业技术计划内容

(1) 根据实地踏勘情况，在原有地形图上初步选定摄影基线并标出。

(2) 利用水平摄影的像场角交会模片 (两张)，在地形图上所选定的摄影站上标出摄影范围和立体测图范围。

(3) 根据地形图上标出的摄影范围和摄影基线所在位置拟定摄影纵距，并计算摄影基线。

(4) 在立体测图范围四周初步选定像片控制点，并在地形图上标出。

(5) 在已有地形图上设计像片控制点的连测方法。

(6) 对可能产生的摄影漏洞拟定补测方法，其中包括采用辅助像对补测。

(7) 选择最适宜的摄影时间及最佳的摄影路线。

(五) 摄影基线的选定及量测要求

(1) 摄影基线的左、右站应选在视野开阔处，用最少的摄影基线摄取最大的面积。

(2) 左、右摄影站应能互相通视，两摄影站之间的高差不得大于 B/5。

(3) 摄影基线应选在所摄地区的正面，宜采用正直摄影方式。

(4) 补摄漏洞的辅助像对应在实地同时选定。

(5) 选择摄影基线时应注意限值。

(6) 摄影基线 B 的确定。

(7) 摄影基线 B 可用钢尺丈量或用电磁波测距仪测定。测定摄影基线 B 的相对精度应不低于 1/2000。

(六) 像片控制点的选定

(1) 在横向测图范围内的两侧均应有像片控制点。

(2) 测图范围内两边的像片控制点宜选在相邻像对测图的重叠范围内，以便于公用。如有外业控制点，应加以利用。

（3）拟补摄的摄影漏洞附近应选定像片控制点，也可采用主像对加密得出，供内业仪器上定向对点使用。

（4）当测区范围跨越河流两边、面积成片时，可采用隔河对摄方法，宜布设一排像片控制点。

（七）像片控制点的标志规格制作

（1）在所选定的像片控制点上应竖立觇牌标志，标志设在花杆或竹竿上，杆要立直竖牢，并丈量标志中心的标高至毫米。标志的颜色应与背景有较大反差。

（2）觇牌标志的形状、种类。图的上面三种标志可用红、白漆画在石壁或墙上，下面四种可用木板或油毛毡涂红、白漆而成。所设标志正面应对准摄影站。

（3）觇牌标志的大小。当 Y=100m 时，可用花杆加红、白旗作为标志；Y=200m 时，标志为 20cm×20cm，如此类推，Y=800m 时标志为 80cm×80cm。

要求标志在像片上的影像大于 0.2mm，使显示清晰。此外，也可采用明显地物作为标志，但应在像片背面画图说明。

（八）摄影准备工作顺序

（1）布置简易暗室。

（2）根据所摄地表及覆盖的光谱特性，选择合适的摄影干版（或软片）和滤光片。

（3）摄影前应进行试摄影和试冲洗，以确定最适宜的曝光时间和冲洗时间。

① 摄影时应进行检影，如发现高低方向上摄不全，可采取移动物镜位置（19/1318 型）或倾斜（UMK 型）后摄影，也可用分层摄影解决。

② 在同一摄影基线上，如摄取两个相邻像对，它们之间的等偏角之差宜为 27.5°，亦可为 31.5°。单一像对的最大等偏角不得大于 40°。摄影完后，应测定摄影基线长度及两摄影站的高差（或测垂直角）。手簿记录应包括基线号、基线长、暗盒号、摄影方式、日期、时间、物镜位置（或等倾角）摄

影站间的高差 (或垂直角)、等偏角 (或水平角)、曝光时间等。

③ 底片冲洗前应进行试冲洗，冲洗底片采用微粒显影液，晒印像片采用常用显像液。

④ 像片调绘在该片摄影站上进行最为有利。

凡地物、地貌的轮廓在像片上能清晰辨认者，可不调绘，只需在像片背面加注记说明。

(九) 内业准备工作内容

(1) 领取全部外业资料。

(2) 了解任务要求，对资料进行分析。

(3) 拟订内业技术计划书 (内业设计大纲)。

(4) 对内业仪器进行认真检校。

(5) 明确内业需要加密的个别像片控制点，在像片上标出点位。

(6) 安排内业作业计划。

(十) 定向对点与测图要求

(1) 装底片时应利用对点放大镜使像片盘上的 4 条框标线对准底片上的 4 个框标点，尤其上下框标点必须严格对准。

(2) 在内业仪器上正确安置主距值，对于等倾斜像对，测图前应连接好倾斜改正器。其他角元素均应安置在零位置上。

(3) 在定向对点时，根据像片控制点上出现的误差，可通过微量改动交向角及基线分量来消除或减少误差，其他元素不做改动。像片控制点上的平面位置对点误差不得大于图上 0.4mm，个别点不得大于图上 0.5mm，高程误差不得大于 1/3 基本等高距。符合要求后，应对误差进行合理配赋，并填写内业定向手簿。定向对点完成后，应由检查员进行检查，合格后测图。

(4) 内业需要加密的个别像片控制点应在定向对点完成后加密测定点位，注出高程、点号。此外，也可用立体坐标量测仪测定像点坐标，计算得出加密点的大地坐标。

(5) 高程注记点应选在地貌特征点或明显地物点、方位物上。高程注记点的测定密度要求每 $100cm^2$ (图上) 测注 8 ~ 15 点。

（6）每次开始测图前应先检查像片控制点的对点精度，只有对点精度符合要求后，才可进行测图。

（7）相邻像对或图幅之间等高线接边差不得大于一个基本等高距。明显地物的接边差不得大于图上 1mm。

二、近景摄影测量

(一) 基本要求

（1）近景摄影测量可采用独立的平面坐标和高程基准。根据所摄景物的形状、特性和用户要求，可测制比例尺为 1：10、1：20、1：50、1：100、1：200、1：250 的平面图、立面图。其中，平面图上测绘等高线，立面图上测绘等值线。

（2）近景摄影测量测绘平面图时，其基本精度要求应符合规定。

（3）根据景物的形状、大小和用户的精度要求，近景摄影测量摄影纵距。

（4）测制立面图时，外业控制采用的坐标轴 X、Z 所在平面应平行于景物正立面，并采用正直摄影方式，摄影基线应平行于 X 轴。

(二) 近景摄影外业的准备工作

（1）了解景物的形状、大小，用户要求（包括成图比例尺、精度要求），测制平面图（X、Y）或测制立面图（X、Z），或两者均测。

（2）领取摄影经纬仪（量测型或非量测型）控制测量仪器，摄影和冲洗器材（包括摄影干版或软片、相纸、冲洗药品），测量手簿和摄影手簿，成果表等。

（3）作业前应对仪器进行检校，合格后方可投入使用。

（4）选择合适的摄影干版（或软片）和滤光片。

(三) 现场踏勘要求

（1）现场了解所摄影物的形状和大小，景物的横向宽度 X、竖向高度 Z、景深 Y。

（2）了解原有控制点分布情况，考虑布设独立控制网及高程起算点。

（3）观察摄影站的布设及光照条件，必要时可采用人工照明。

(四) 摄影基线的选定

(1) 对初步确定的摄影基线，在现场根据实际情况进行修正后最终选定。

(2) 测绘立面图时，摄影基线应平行于所摄景物正立面，摄影时应采用正直摄影方式。

(3) 测定或丈量摄影基线 B 的相对精度应不低于 1/2000。

(五) 选定像片控制的要求

(1) 测绘平面图时，像片控制点的数量和点位应符合要求。

(2) 测绘立面图时，要求在景物正立面的四角各选一个像片控制点。当景物的景深 Y 较大时，要求在两边各选一个像片控制点。尚需丈量或测定景物正立面到摄影站之间的纵距 Y，供内业定向对点使用，纵距 Y 丈量或测定的相对精度不应低于 1/2000。

(3) 如不布设像片控制点，也可采用相对控制方法，即将标尺垂直或水平放置，或利用景物正立面上两个相距较远的明显点间距离，也可用固定长度的金属框架，以取代像片控制点。

当景物的景深大时，要求竖一标尺或各量一段距离 (两明显点间)。

(六) 像片控制点的标志

(1) 像片控制点的标志式样。
(2) 标志的大小应满足在像片上的成像大于 0.2mm 的要求。

(七) 近景摄影测量的摄影项目和要求

(1) 对静态景物可采用单个摄影仪进行摄影，对动态景物应采用两台摄影仪进行同步立体摄影。

(2) 摄影前应进行试摄影和试冲洗，合格后方可投入正式作业。

(3) 摄影站上应设标志，便于测定基线长度和摄影站到景物正面间的纵距。

(4) 摄影操作应由另一人做检查，也可由记录者兼任。

(5) 摄影完成后应测定摄影基线长度和两摄影站之间的高差。

(6) 测制立面图时，摄影基线应平行于景物正立面，并且应采用正直摄影方式。

(7) 用量测用摄影经纬仪进行摄影。只有在特殊情况下，经允许才采用非量测用摄影仪进行摄影。

(8) 立体摄影的交向摄影只有在摄影基线无法拉长、纵距 Y 不能缩小的情况下才能应用。所得成果只能通过解析法或解析测图仪进行处理。

(八) 定向对点的规定

(1) 测绘平面图时，内业仪器上的定向对点和测图应符合"定向对点与测图要求"。

(2) 测立面图时，定向对点应通过变动模型比例尺、旋转和移动图纸来进行，无须进行相对定向。

(3) 当景物的景深 Y 较大时，测绘立面图可利用外业测定的景物立面到摄影站的纵距，推求出各像片控制点的纵距 Y，用来进行定向对点。合乎精度要求后，转换内业仪器上的 Y、Z 传动轴，再进行立面图上的定向对点。

(4) 测绘平面图又测绘立面图时，先按要求进行平面图上的定向对点，合乎精度要求后，测绘平面图，在此基础上，变换内业仪器上的 Y、Z 传动轴，在立面图上定向对点，合乎精度要求后，测绘立面图。

(九) 立体测图的规定

(1) 立面图上可测出景物的形态、外貌。如用户要求，也可测出纵距方向上的等值线。

(2) 根据用户需要，可测绘断面图、坑体体积等景物形态。

(3) 测绘立面图时，如在同一立体像对内有两个彼此不平行的景物正立面，应以其中一个正立面 (X、Z) 为准，确定外业控制的坐标轴。当内业进行另一景物正立面内容的测绘前，应将该立面上的像片控制点的坐标 (X、Y) 进行旋转换算，使其平行于第一个景物正立面，在立面图上展点，然后定向对点、测绘。

(4) 测绘立面图时，根据需要，在测绘等值线的同时测定纵距注记点。

(5) 数个立体像对测定同一景物时，相邻像对之间的明显地物或等值线的接边差不得大于一个基本等高距。明显地物的接边差不得大于图上 1mm。

第六章　水利工程遥感监测技术与应用

第一节　遥感图像的判释应用程序与方法

一、遥感图像应用的一般原则和规定

(一) 比较适用于进行工程地质勘测遥感技术的地区

(1) 地形、地质条件复杂的山区，不良地质发育、水文地质复杂的地区。

(2) 地形陡峻、交通困难、地面调查难以进行的地区。

(3) 地表基岩裸露良好或以物理风化为主的干旱和半干旱地区。

(4) 河网密布、河流变迁复杂的平原地区。

(5) 地质判释标志明显而稳定的地区。

(二) 遥感图像判释可提供的工程地质和水文地质成果

(1) 地貌特征及分区。

(2) 结合地质图，可勾绘出地层 (岩性) 的界线并估测岩层的产状要素。

(3) 可初步确定褶曲、断裂的位置和性质，以及规模较大的断层破碎带范围，还可判释活动断裂、隐伏断裂及节理密集带等的存在及延伸方向。

(4) 不良地质现象的类别、范围、成因、分布规律、危害程度和动态分析等。

(5) 地下水 (温泉) 的露出，水井的位置，地下水富水地段，地貌、岩性、构造与地下水的关系。

(6) 水系分布范围、形态分类及发育特征等。

(7) 工程地质分区、工程地质条件概略评价、水文地质概略分区。

（三）遥感图像及比例的选用

（1）对于一般的工程地质调查，遥感图像可选用近期的全色黑白航空像片及陆地卫星图像，其比例随着勘测阶段的深入而从小到大变化。

（2）遥感图像比例应能满足测图精度和判释要求。当搜集的航空遥感图像比例较小，无法满足测图精度和判释要求时，可将其放大使用。

（3）根据调查目的和地质复杂程度，也可选用其他适用的遥感图像。

① 航空遥感图像的成像时间应选在各目标物之间辐射能量差别或有效颜色差别出现最大值时。

② 遥感图像的判释一般应符合下列顺序，即先卫星图像，后航空遥感图像；先小比例航空遥感图像，后中、大比例航空遥感图像。

③ 为提高遥感图像的判释效果，可开展遥感图像的计算机图像处理。遥感图像处理方法的选择应根据拟提取的信息目标、遥感图像情况、图像处理设备条件等情况确定。一般以图像增强方法为主，为提高某一特定目标的判释效果，应选择其他适用的图像处理方法。

④ 遥感图像判释成果的现场验证尽量做到谁判释谁验证，以免发生误解。

⑤ 未经现场验证的遥感判释成果一般不能作为编制正式地质图件的依据。

⑥ 遥感技术并非万能的，应与其他勘察手段密切配合，合理有效地使用，才能取得最佳效果。

⑦ 工程地质勘测中采用遥感技术，必须提前安排，并且应在物探、钻探开展前，提出判释成果。

二、遥感图像应用的一般方法与步骤

无论在铁路、公路、水利、油气管道或电力等不同的工程地质调查中应用，遥感技术的应用程序和方法大同小异，以下以铁路选线勘测中的应用为例加以叙述。在铁路勘测中，不论是哪个阶段，在应用航空遥感地质方法时，其一般作业过程大致相同，即按准备工作阶段、室内初步判释阶段、外业验证调查阶段、资料整理阶段等顺序进行。必须说明的是，该方法以遥感图像的目视地质判释和填图为基础展开工作。如果今后发展到自动数据采集，那么工作方法应有所变化，不应生搬硬套。上述作业过程并非绝对的，而是应结合具体情况灵活掌握，如在判释时对该区判释标志不熟悉，或暂时未搜集到工作区遥感资料等情况下，均可考虑先到现场进行重点调查，然后进行室内初步判释。下面按一般作业过程进行介绍：

（一）准备工作阶段

1. 资料的搜集和分析

在应用遥感方法进行工程地质测绘时，资料的搜集和分析研究是一项相当重要的工作。对测区既有资料分析研究得越深入，获得的判释效果就越显著，因此，在遥感图像判释之前，对测区的地形、地质、地震、遥感、勘探、化验以及有关工程建筑、人文概况等资料，应广泛搜集和深入地加以研究。

（1）资料的搜集

① 地形资料。地形图比例包括1∶100万军用图、1∶50万军用图、1∶20万军用图、1∶5万军用图以及有关大比例的地形图件，搜集哪几种比例地形图应根据勘测阶段而定。

② 地质资料。包括1∶20万地质图、地貌图、水文地质图、地震图以及其他有关的地质资料及图件。此外，对于勘探资料、物探资料、航磁重力资料、化验资料，可根据勘测阶段或需要酌情搜集。

③ 遥感资料。在搜集遥感资料时，应首先考虑搜集多种比例、多时期的航片，而且按照比例1∶5万军用图幅进行搜集。如果是带状成像或局部面积成像，则可按成像测段或所属图幅进行搜集。在测区范围内，若具有多种遥感资料，也可根据需要搜集有关的图像资料，必要时还应进行专门成像获取。

④ 工程资料。在进行铁路、公路、石油管道、电力、港口、坝址等的选线、选址过程中，对于沿线已有的勘测资料应加以重视，可根据需要进行搜集。此外，对测区内有关的既有工程设计资料也应当搜集研究。

⑤ 其他资料。除上述资料外，对于测区的山川地理、人文概况、历史县志等记载也往往是重要的参考资料。

（2）资料的分析。对搜集到的各种资料进行充分研究，这是开展遥感图像判释和各种工程选线、选址的基础。对于测区资料掌握得越丰富，对工程地质情况的分析就越深入。

① 地形资料的分析。熟悉线路通过地段的地形、地貌特征，划分各区段的地貌单元，从而了解各类工程（桥梁、隧道、路基、坝址、车站等）所处的地形、地貌部位及可能出现的不良地质类型。

② 地质资料的分析。通过区域地质资料的研究，初步掌握各区段的地质情况。如各种岩类的分布、地质构造的格局水系类型的特征以及水文地质条件等。熟悉勘探、化验资料可进一步了解深部的地质情况，结合工程类型，初步估计可能出现的地质问题。

③ 其他资料的分析。对测区山脉、河流、交通、人文概况的分析对判释工作也是非常有用的。山岭、河流、村庄的命名也往往是启发我们考虑问题的思路。

2. 判释用品准备

为了判释作业的顺利开展，一些专用的判释用品，如立体镜、像片袋等应及早准备，往往由于判释用品不全而影响判释工作的开展。

3. 航空遥感图像的整理

室内判释过程中涉及的主要资料就是航片。航片的影像质量、是否有摄影漏洞以及是否整理妥当都会影响航片判释效果，所以在室内判释前必须对航片进行检查整理。可按下列步骤进行：

（1）航空像片的检查。主要检查测区范围内所需之航片是否齐全、比例是否符合要求，有否缺少或重叠过多，航片影像反差是否正常，云量覆盖是否过多，是否有不清晰或染污、变色、损伤等现象，如因上述情况而影响判释质量者，应提出补晒或重新晒印。航片检查时应注意复照图上标明的像片比例是否准确，需用地形图进行核对。此外还应注意，国家图幅像片的航带一般是东西方向排列的，但在国境线附近，有时则是南北方向或斜方向排列的，在这种情况下，复照图的上方并非正北方向。

（2）航空像片的编号、装袋。对搜集到的航片，按工种名称、任务项目（代号）、测段号（图幅号）及航带号等进行标记和编号，标记和编号是在每张像片背面，既可用手工标写，也可用盖章方法。例如，地质 –7119–10–1，系指地质专业用的 7119 测区第 10 测段第 1 航带中的像片。

像片编号后，应将暂时不用的像片（离线路较远或航带间重叠太多的像片）抽出封存保管，把要用的像片按测段（图号）分别装入像片袋中。像袋封面需标记线别、测段号（图幅号）、航带及像片号码，便于工作时索取和保管。

4. 像片搬线

像片搬线就是把图纸上确定的线路位置搬到像片上，以便于在像片判释过程中结合线路平剖面图，分析不同工程类型的地质情况。像片搬线的方法是以影像上的地物点与图纸上的相同地物做控制，把确定的线路位置用红色广告颜色绘制在单号（或双号）单张像片上，并注明方案编号和里程。在像片搬线过程中应注意以下事项：

（1）对于重点工程，如长隧道、大桥桥渡、车站、深挖方、高填方地段，应力求其线路位置的准确，并尽量选取航片中间部位，以减少影像畸变的影响。

（2）在缺少明显地物点的影像地段，像片搬线比较困难。可采用先在像片上刺点，然后将像片上的刺点投影转绘到图上，以作为像片搬线的依据。在选择搬线地物点时，应尽量挑选那些地物影像清晰而对刺点精度较高的地物点作为放线点。

（3）线路里程在像片上一般只标整公里。公里标的位置标示也应以地物点做控制。由于像片各处比例不一样，因此，从图面上看，公里标的距离长短不一。

5. 调绘面积的划定

一般小比例航片判释可不必划定调绘面积，但应在像片上下方注明相邻航带及航片号；大比例像片考虑到室内制图的需要，接边要求较严格，为了避免重叠或漏绘等现象，必须划定调绘面积。调绘面积是指在调绘片（只用单号或双号像片）的上下左右关系中，给它一个工作范围的划分，规定每张调绘片判释勾绘的范围，这个范围称为调绘面积。划分调绘面积的方法如下：

（1）首先将外业控制测量或制图的范围线画到镶嵌复照图上，调绘面积应和镶嵌复照图上的控制测量或制图范围相一致。

（2）除按镶嵌复照图所确定的范围能直接划定的各边外，其他在右、下两边可规定为直线，在与此直线相邻的像片上，则根据此直线上的地形起伏，按地物转绘（一般画成折线）即得左、上两边。虽然均画折线也可以，但较麻烦。

（3）调绘面积应尽量画在航向和旁向重叠中间附近，但应避免与线状地物重合。

（4）两张相邻像片的接边要做到精确，界线要吻合，不应有漏洞。尤其利用折线接边时，转折点尽量选在高处，否则由于投影差关系，易造成调绘漏洞。

（5）每张调绘片的接边均应注明相邻像片的号码，旁向相接还应注明相邻的航带号，在与相邻测段接边时，则应注明相邻的测段号。

6. 像片的地貌与地物调绘

像片上的地貌与地物调绘是对照 1:5 万比例军用图，在隔号像片上进行必要的居民点、水系、山脊线、道路等的调绘。上述地貌、地物调绘的内容及粗细程度均以有利于航片的应用为原则。一般水系的调绘应详细，这是因为水系往往反映了地貌、岩性及构造的特点。调绘时用广告颜色标记，一般水系、泉水用绿色，其他地貌、地物界线用橘黄色。

（二）室内初步判释阶段

1. 室内初步判释的目的

室内初步判释的目的一方面是配合线路方案的研究，提供初步的工程地质评价；另一方面是了解区域地质地貌概况，起到指导外业地质测绘的作用。

2. 判释前应明确的几个问题

为了使航片判释工作顺利开展，事先应结合所搜集的地质资料、航摄资料以及线路方案情况，对判释的范围、地貌分区（工程地质分区）、地层划分的深度、判释工作量的估计以及是否在判释前到现场重点踏勘等问题进行详细研究，确定原则，统一规定，否则将会给判释工作带来许多麻烦。判释所用的地质图例符号也应事先规定好，尤其分若干组判释时，如不事先规定，则图面无法统一，造成工作被动。

3.判释方法及内容

航片判释时，用广告颜色按规定的图例、符号和颜色在隔号（单号或双号）航片上勾绘界线和注记。一般地质构造、不良地质界线用红色，泉水露头用绿色，其他界线用橘黄色。在判释过程中遇到疑难的地质问题应记入判释记录表中，以便现场核对、补充。

航片判释的内容如下：

（1）包括居民点、道路、山脊线、垭口等地物、地貌的调绘。一般而言，居民点必须调绘，调绘的详细程度视地区而定，在居民点稠密地区，可只调绘主要居民点；在人烟稀少地区，居民点尽可能调绘得细些。居民点的调绘主要对照地形图进行。道路、山脊线、垭口是否调绘，视地区和工作需要与否而定。

（2）包括水系、地貌、地层（岩性）、地质构造、不良地质、水文地质等内容的调绘。各种调绘内容如下：

① 水系的判释宜包括下列内容：

水系形态的分类、密度及方向性的统计，冲沟形态及其成因，河流袭夺现象，阶地分布情况及特点，水系发育与岩性、地质构造的关系。岩溶地区的水系应标出地表分水岭的位置。

② 地貌的判释宜包括以下内容：

a.各种地貌形态、类别以及地貌分区界线。

b.地貌与地层（岩性）、地质构造之间的关系。

c.地貌的个体特征、组合关系和分布规律。

③ 地层（岩性）的判释宜包括以下内容：

a.参照既有地质图，确定地层（岩性）的类别，估测岩层的产状、第四系地层成因类型和时代。

b.对工程地质条件有直接影响的地层（岩性）必须单独勾绘出来。

c.地层类别划分的深度可视情况划分到界或统。

d.第四系地层与地下水的补给和排泄关系。

e.不同地层（岩性）的富水性及工程地质条件等的评价。

f.各种特殊地质的类别及其范围。

④ 地质构造的判释宜包括以下内容：

a. 褶曲的类型，轴的位置、长度和倾伏方向。

b. 断层的位置、长度和延伸方向，断层破碎带宽度。

c. 节理延伸方向和交接关系。

d. 隐伏断层和新构造运动。

⑤ 不良地质判释宜包括以下内容：

a. 各种不良地质类别及其范围，包括滑坡、崩塌、错落、岩堆、泥石流、岩溶、风沙、盐渍土、沼泽、河岸冲刷、水库坍岸、人为坑洞等。

b. 不良地质的分布规律、产生原因、危害程度和发展趋势。

⑥ 水文地质判释宜包括以下内容：

a. 大型泉水点或泉群出露的位置和范围。

b. 地下水渗出的位置和范围。

c. 潜水分布规律与第四系地层的关系。

4. 编制地质预判图和编写预判说明书

初步室内航片地质判释完以后，应编制地质预判图和编写预判说明书。

地质预判图的编制主要是便于外业使用，该图可用地形图或水系图作为底图，具体编制是将底图与航片或复照图对照，利用两者之间的相应地貌、水系和地物，将航片上各种地质界线搬到地形图或水系图上，有时也可以复照图或像片略图作为底图编制预编图。预判说明书的主要内容包括沿线工程地质概述、各方案工程地质评价、存在的问题及外业工作建议（包括外业工作安排、进度、重点地质问题等）。初步室内判释过程中要注意，凡是线路方案和工程地质条件复杂地段，需进行较详细的大面积测绘者，应及时提出编制像片略图、像片平面图、放大像片以及正射影像地图等计划。

(三) 外业验证调查阶段

1. 外业验证调查的目的

外业验证调查的目的是验证、修改和补充室内地质判释成果，使其满足勘测设计阶段资料的要求，主要应解决下列问题：

(1) 验证初步判释成果，特别是要验证室内初步判释结果与现有资料有矛盾的内容，补充和修改初步判释的内容，并作必要的叙述。

（2）初步判释中提出的疑难问题应尽可能查证，包括尚未确定的地层（岩性）界线、地质构造线、不良地质现象以及其他地质问题等。

（3）补充航片上无法取得的勘测设计数据。

（4）配合有关工种提供方案比选资料，共同确定合理的控制测量和制图范围。

（5）了解区域性判释标志，搜集工作地区地质样片。

2. 外业验证调查的具体方法与步骤

利用航片进行外业地质调查与通常的外业地质调查有所不同。主要差别在于用航片代替地形图进行填图、地质填图是在像片上按影像勾绘、观测点要在像片上刺点，等等。其具体步骤如下：

（1）熟悉有关地质资料、地质预判图、室内初步判释说明书以及线路方案等。

（2）外业工作全面开展前，有条件时应先选择具有代表性的地段进行核对，以便事先掌握该区判释标志，统一认识，为随后的测绘工作顺利开展创造有利条件。

（3）外业填图之前，应检查初步室内判释时所画的调绘面积和控测范围是否一致，有出入的应重新划定，如果原来未画调绘面积者，应补画。

（4）像片填图前，应事先进行立体观察，明确调查重点，拟定调查路线，然后携带航片沿线进行填图。凡属补充、修改的地质界线与内容，均以特种铅笔在航片上标记，或在透明纸上修改。

（5）重要观测点（包括泉水露头）和勘探点，应在航片背面刺点编号，刺点的点位误差不应大于0.2mm。在野外地质记录本中应注明观测点所在测段及像片号码，并进行描述。

（6）地质观测点的平面和高程位置的确定可根据地质图成图的精度要求，分别采用在航测地形图上查得、外业控测时航测求得（用激光测距仪或全球定位系统）或内业电算加密求得等多种方法。

（7）在航片上每条地质界线至少应布设1个地质验证点，当地质界线显示不清楚时，应增设地质验证点。

（8）外业调绘的成果用广告颜色按规定符号整饰。对于断层、破碎带、裂隙带等必须确切地将其所在位置标示在像片上；对于滑坡、崩塌、错落、岩堆、岩溶等不良地质现象，必须圈定其确切范围；对重点工程影响较大的土石界线，如隧道洞口、大桥、高填方、深挖方地段等，要准确绘出土石分界线的位置。

（9）调绘成果应及时整理，并随时根据新的认识来检查原判释和调绘成果有无矛盾或差错，发现问题及时补充修改。

3.外业验证调查阶段注意事项

（1）当用特种铅笔在像片上标记有困难时，可在像片上蒙透明纸或聚酯薄膜以利勾绘（利用铅笔、钢笔均可）。

（2）范围较小的不良地质现象，在航片上无法按影像勾绘，但又必须反映到地形图上者，应在像片上判定不良地质位置并刺点，在像片背面点位处画不良地质图例，注记地质体实际尺寸，并进行编号。凡在像片背面刺点编号的小型不良地质现象，应分类列表送到内业，以便内业航测制图时按规定图例和尺寸反映到地形图上。

（3）地质调绘成果应及时转绘到控测调绘片上与控测资料同时送回制图基地，以便内业制图时转绘到地形图上。

（4）为了填图方便和保管像片，在填图时，像片应装在专用的像片夹内。

（5）凡像片上无法提供的工程地质资料，均应按通常地面工程地质调查方法搜集。

（四）资料整理阶段

由于航测工作的特点，凡与内业制图有关系的航片地质调绘的成果基本上应按阶段整理，尽管如此，最终内业整理工作量还是不少。如全线1：5万～1：20万比例工程地质图编制、工程地质说明书以及地质样片的选取，等等。在全线1：5万～1：20万比例工程地质图编制之前，应对航片填图成果进行复判检查，以防前后矛盾。除航测内业制图有特殊要求外，有关工程地质资料的整理均按一般《铁路工程地质勘察规范》（TB 10012—2019）要求办理。

关于遥感地质图编制的若干问题叙述如下：

1.地质成图比例和遥感图像比例的关系

地质成图比例和遥感图像比例的关系可参照下列要求：

（1）编制 1：10 万~1：20 万比例的地质图可利用相应比例的卫星图像进行判释，局部地段可进行卫星图像放大或结合使用小比例航片。

（2）编制 1：5 万比例的地质图可利用相应比例的航片，并结合使用相应或略小比例的卫星图像。

（3）编制 1：1~1：2.5 万比例的地质图，可利用相应或略小于地质图比例的航片。

（4）编制 1：2000~1：5000 比例的地质图，可利用 1：8000~1：2 万比例的航片。

2. 遥感地质图的编制方法

以前遥感地质图像的编制根据其编图的比例大小和精度要求，采取下列几种方法：编制 1：10000~1：20000 比例的地质图多采用立体转绘仪或利用地物相关法，直接将遥感图像上的地质界线转绘到底图上；编制 1：2000~1：5000 比例的地质图一般利用航测仪器或立体转绘仪转绘；编制大于 1：1000 比例的地质图主要通过航测仪器转绘。由于数字化测图的普遍应用，遥感地质图像的编制方法已逐步采用计算机成图方法，这种成图方法不但速度快、质量高、图面美观，而且编图过程中修改容易，比例大小可根据需要进行缩放，地质成果存储在磁带或光盘上，既可出图纸资料，也可直接映放在屏幕上，可以说是一个很大的进步。

3. 关于地质图底图的选用

地质图底图可从下列几种底图中选用：地形图、简化地形图、水系图、卫星遥感图像、航空遥感图像略图、航空遥感图像平面图、正射影像地图。当然，这些底图本身很多都是数字化成图。

三、各勘测阶段中遥感图像的应用

各勘测阶段中遥感图像的应用方法与步骤大同小异，尤其应用程序都是按准备工作、室内初步判释、外业验证调查、资料整理四个阶段进行。但在具体应用方法上，各勘测阶段应用的遥感图像比例、判释宽度、应用深度以及应交成果方面仍有所不同，而且铁路、公路、水利等不同工程的应用方法也略有不同，现以铁路预可行性研究和可行性研究工程地质遥感工作为例简述如下：

(一) 预可行性研究工程地质遥感工作

(1) 工作阶段包括准备工作、室内初步判释、外业验证调查、资料整理等。

(2) 搜集各种卫星图像或数字磁带时，光谱段一般应搜集齐全。图像比例为 1：10 万 ~ 1：50 万。

(3) 航空遥感图像一般搜集航片即可，航片比例约 1：5 万。其他航空遥感图像可按需要搜集。

(4) 卫星图像搜集的范围以能充分反映区域地质背景为准，航片的搜集宽度不宜小于线路位置每例各 5 ~ 10km。

(5) 航片判释宽度不宜小于线路位置每例 2.5 ~ 7.5km。

(6) 提交的遥感工程地质图比例为 1：5 万 ~ 1：20 万，图面宽度不宜小于图中线路位置每侧各 5 ~ 15cm。

(二) 可行性研究工程地质遥感工作

(1) 工作阶段．包括准备工作，室内初步判释、控测阶段的遥感地质工作 (相当于外业验证调查阶段的工作)，航测成图过程中及成图后的工程地质遥感工作 (相当于资料整理阶段的工作)。

(2) 搜集航空像片，航片比例为 1：8000 ~ 1：2 万。其他航空遥感图像可按需要搜集。

(3) 航片搜集的度宽不宜小于线路位置每例 2 ~ 3km。

(4) 航片判释度宽不宜小于线路位置每例 1 ~ 2km。

(5) 控制线路方案的特长及长隧道、特大桥、重大不良地质工点等可制作航空遥感图像略图、航空遥感图像平面图或正射影像地图等。

(6) 地质复杂、地形陡峻的斜坡地段，当条件允许时，可开展近景摄影测量。

(7) 如地质遥感调查的同时开展航测成图，遥感地质成果需进行航测内业成图时，则控测后应提交下列遥感地质成果：

① 整饰好的航空像片地质调绘片和镶嵌复照图各一套。

② 遥感图像刺点验证一览表。

③所采用的工程地质图例、符号等。

④航测内业制图注意事项和说明。

(8)航测成图过程中，参加判释和现场调查的地质人员应密切配合航测内业制图工作。

(9)提交的遥感地质资料：

①遥感工程地质说明书，可参照铁道部现行的《铁路工程地质勘察规范》(TB 10012—2019)中的可行性工程地质总说明书的有关内容编写。

②遥感全线工程地质图，比例1:1万~1:20万。图的内容包括主要岩性分界线、构造线，代表性岩层产状、地层成因及年代、不良地质、特殊地质、地下水露头，地质图例、符号等。图面的宽度不宜小于线路位置每例各5~10cm。有比较线，且两方案相距不远时，中间部分应予补全，使其相连。

③航测地形地质图，比例1:2~1:5。图中可包括下列内容：

岩性分界线，褶曲、断裂、节理、不良地质、特殊地质等的类别和界线，地下水露头，地质观测点，地质图例、符号等。当地形地质以及地物极复杂时，也可只绘对线路有影响的断裂、不良地质、特殊地质、地下水露头等。

(10)各种专题图，包括水系图、地貌图、岩组分布图、节理裂隙图、第四纪地质图、不良地质分布图、活动断裂图(包括4级以上震中位置)、工程地质分区图、水文地质分区图、植被分布图等专题图，这些专题图视需要而绘制。

(11)遥感图像处理成果、航空遥感图像地质略图、航空遥感图像地质平面图、正射影像地质图、航空样片地质样片册等的制作均视需要而绘制。

第二节　遥感技术在工程建设区区域稳定性评价中的应用

区域稳定性是指地壳在内、外动力作用下的现代活动对地壳表层工程建筑安全影响的程度。在工程建设区的工程地质勘察工作中，区域稳定性问题的研究是一个十分重要的方面，特别是在地质构造条件复杂、新构造活动强烈的地区，研究好这个问题就显得更为重要。应用遥感技术判释区域稳定性有关问题能取得事半功倍之效，它具有视野广阔、形象逼真、快速、准确、经济等特点。可以判释和监测断层活动、断陷盆地的活动、火山活动以及内外动力形成的形变特征。特别是全球卫星定位系统 GPS 和卫星微波遥感干涉测量 INSAR 技术，可以高精度、定量化监测地壳活动的量变数据，为区域稳定性评估提供更为翔实的资料。随着遥感数据源的丰富、"3S"技术的发展、遥感判释和测试技术的提高，通过遥感技术的应用能有效地克服自然条件带来的限制、缩短研究周期、解决区域稳定性的重大问题。水利部长江勘测技术研究所等单位在长江三峡、丹江口等工程中，应用遥感、合成孔径侧视雷达航空遥感，通过彩色红外航空遥感以及航空磁测等综合遥感手段的运用，在判释和测试方面，成功地解决区域稳定性的重大难题。

一、三峡工程区域稳定性研究中遥感技术的应用

20 世纪 80 年代中期，曾对长江三峡进行了大规模的水电建设前期遥感调查。原地质矿产部遥感中心在 1984 年和 1985 年分别进行了多次航空遥感飞行，涵盖了 1∶1 万、1∶6.7 万和 1∶10 万等不同比例尺的彩色红外、黑白红外以及合成孔径侧视雷达等多种技术手段，加上陆地卫星、TM 图像，形成三峡工程地区多种类、多平台、多时相遥感资料系列。水利水电部、原地矿部、中国科学院等部门利用这些资料进行了三峡地区地质构造，滑坡、泥石流，以及三峡工程对生态环境影响、淹滩损失、移民等多方面调查研究，为三峡工程可行性研究提供了充分的资料。之后，长江水利委员会长勘所又利用遥感技术对该区区域稳定性进行了研究。应用情况如下：

(一) 解决区域构造环境

为了从宏观上了解三峡工程区域的构造环境，曾应用陆地卫星图像和磁带及法国 SPOT 图像经 I²S 系统和 ARIES—Ⅱ 系统进行图像处理和判释，编制了三峡地区构造判释图。从宏观上查明三峡区域的构造骨架、褶皱和断裂一目了然，本区的褶皱较宽缓，深大断裂远离库坝区，从总体上看属于较稳定的地台型构造环境。

(二) 仙女山断层的北延问题

仙女山断层距三峡坝址约18km，是三峡工程库坝区最大的断层，且为中强地震的发震构造，对区域稳定性评价起着重要作用。对于该断层是否北延过长江长期争论不休，若北延过长江，穿越三峡水库，则断层规模更大，且对三峡水库诱发地震等环境地质问题影响较大。

为查明这一问题，应用 ARIES—Ⅱ 系统对各种卫星影像和侧视雷达影像进行图像处理，得出非常直观和清晰的图像。图像显示，仙女山断层尖灭于长江以南6km 的风吹塝附近 (高程1000m 左右)，后经彩红外航片校判和多次地面复核，以及人工地震测深剖面证实，均说明仙女山断层并未北延过长江。这一结论为三峡工程区域稳定性评价提供了有价值的论据，由于断层未穿入三峡水库，不存在水库诱发地震之虑。

(三) 关于狮子口和三斗坪线形影像是否断层的论证

曾经有单位从侧视雷达影像判释推断：位于三峡坝址西南侧12km 左右的 NW 向密集的线形影像为区域性大断层，延伸47km; 另三斗坪坝址拟建大坝地段的 NNE 向线形影像也是较大断层。该两断层有最新活动，将会影响三峡工程的区域稳定性和大坝稳定。当时正值国务院组织三峡工程论证阶段，其论点还波及香港和国际新闻界，这一问题成为三峡工程论证的重大问题之一。

为配合三峡工程论证，采用卫星影像、侧视雷达影像和彩色红外航片进行多方法的图像处理和判释，并经现场核对和各种勘探手段的验证得出结论如下：

"狮子口 NNW 向线形影像" 是震旦系浅海相软、硬相间的直立岩层因风化、溶蚀作用形成的槽、脊相间地形在影像上反映为直线状线形特征，仅在狮子口一带10余公里范围内展布，并非区域性大断层的反映，只在影像线间分布同向的小断层，最大一条为青林口断层，长约8km。

"三斗坪 NNE 向线形影像" 主要是 NNE 方向的沟、脊构成断续分布的 NNE 向线形影像，并非断层带的反映。经实地详查和各种勘探验证，均不存在 NNE 向断层的迹象，也不会对大坝的安全造成影响。

二、在汉江丹江口水利枢纽区域稳定性评价中的应用

汉江丹江口水利枢纽是一座防洪、引水、发电等综合利用的大型水利工程，于 1967 年建成蓄水。在距库缘 30km 的郧县赵川处发生 4.7 级地震，并伴随发生一系列微震。对该地区的区域稳定性研究，有的学者除地面路线调查外，还乘飞机从空中宏观考察，认为丹江口处在 NWW 向的深大断裂带和 SN 向丹江大断裂交会处。但在大坝基坑中未能提供有力证据，在肖河及关防滩两峡谷地质测绘中更未见明显的近 SN 向延伸的断裂，区域稳定性众说纷纭。

利用卫星影像进行计算机处理而得到的假彩色片、彩色浮雕片、黑白浮雕片突出显示了本地区的某些线形要素，从而有助于提取宏观地质构造信息。从卫星影像上可以看出在丹江口水库及其邻近地段，最突出的是近 EW 向构造线，是本区控制性的构造线，如公路断裂、汉江断裂、金家棚断裂、老淅川断裂、上寺断裂，以及丹凤—商南断裂、双槐树—夏馆断裂等线形影像均很清晰。从卫星影像上还可对 1946 年的南阳 6 级地震觅源，图形显示其活动性较强的丹凤—商南断裂、双槐树—夏馆断裂在镇平西相交会后，直经南阳而东延，它使得白河由南北而突然向西弯转，是其活动的标志之一。所谓的丹江 SN 向大断裂，影像并未显示。老淅川断裂、上寺断裂均位于丹江水库范围。

与水库有关的汉江断裂（又名两郧断裂）、在老均县盆地以西线形影像清晰，而以东未见显示，这与地面调查是一致的。丹江口市东北的较短的线形影像为金家棚断裂的反映，以往有人将此断裂延伸很长，过郧县转 NWW 而去，并命名为均郧大断裂，从影像上看，这种延伸缺乏证据支持，几乎无线形影像，地面调查亦未见断裂，但丹江以东地段显示清晰、连续。地面调查可见上第三系逆冲其上，但在 Q_3、Q_4 地层分布地段未见延伸。公路断裂为一较宽的亮带，线形不清晰，系古老断层之反映，第三纪以后活动不明显，地面调查多数地段为多条平行的小断层或层间折揉，对区域稳定无影响。

三、遥感技术在黄河小浪底水利枢纽区域稳定性评价中的应用

根据我国地球物理探测资料发现并证实，有一条自俄罗斯远东部分进

入我国东北，纵贯我国东部，然后伸出国境进入越南境内的重力异常梯度带（以下简称梯度带）。从地貌上看，梯度带的东边界与我国地貌上的一、二两个梯级的分界线相吻合。

由于梯度带的地理位置大致与大兴安岭、太行山、武陵山相吻合，所以与此梯度带相对应的深断裂系被命名为大兴安岭—太行山—武陵山断裂系。在1∶600万的全国卫星图像镶嵌图上明显存在着一条经嫩江、紫荆关、长治的线形影像。结合地面地质调查资料，认为上述线形影像是嫩江断裂、紫荆关断裂、长治断裂的反映，这些断裂正好处于梯度带内。

黄河小浪底水利枢纽位于洛阳市约25km处的黄河上，处于梯度带内"长治断裂"南延线附近，相距仅7km左右。虽然小浪底地区地震基本烈度早在1971年已进行过专门鉴定，但在多次全国性审查会议的纪要中，均提出了对小浪底地区地震基本烈度继续进行研究的要求。这是由于长治断裂是断裂系的主体部分及近期活动中心，小浪底地区的基本烈度则很有提高一度的必要。为此，水电部黄河水利委员会勘测设计院等单位对小浪底枢纽区域稳定性问题，即以梯度带对小浪底枢纽的影响问题开展了研究工作，着力寻找出与梯度带相应的断裂系的主体部位与近期活动中心，及其与小浪底枢纽的关系。

由于该梯度带展布范围相当大，在小范围内调查研究难以得出正确结论，必须在较大范围内开展工作和研究才能查明情况。例如，对于与梯度带对应的断裂系的主体部位，就曾主要有过两种不同看法：一种认为紫荆关断裂、长治断裂是其主体部分；另一种认为其主体在大兴安岭、太行山、武陵山的山前地带。因此，必须对从长治断裂到太行山前的整个宽度范围内进行研究。而太行山前则有较厚的第四系覆盖，常规地面调查很难查明深部地质构造，要在这么大的范围内去研究整个构造格局，并揭示出被第四系覆盖了的深部构造，必须借助遥感这一先进手段。为此，选定了以遥感为主，并从岩浆活动、地层学、构造地质学、历史地震等方面对整个区域的地质构造及其发展历史进行综合分析。

通过对经光学及计算机图像增强处理的陆地卫星图像的目视判释，编制出了东部梯度带主要断裂构造卫星图像判释图，发现在石家庄、邯郸、延津、鄢陵、确山一线有连续的条状信息带，它与梯度带的东边界相吻合。根据一些重力实测剖面、地震测深剖面以及重力异常带、磁异带资料等的分析，一致认为太行山及其南延线上确实存在着一条深断裂，上述条状信息带正是这一深断裂透视信息的反映。另据地面调查及已有资料证明，邯郸—延津一线有一条深断裂存在是可信的。

而"长治断裂"之所以在陆地卫星图像上反映为明显的线形信息，是由于断裂两盘岩层光谱反射特性差异较大之故，但西柏峪以南不仅无较大断裂存在的踪迹，也未见岩浆岩出露。在长治以东线形信息则是灰岩山地与第四系覆盖的光谱反射差异较大所致，并无错断上古生界的大断层存在；在晋城以西则是由一狭窄的灰岩背斜山脊所引起，随着这一背斜的倾伏，以及山脊地形的终止，图像上的线形信息亦随之消失，故长治断裂对库坝区无影响。

通过对本区大面积的以遥感技术为主的梯度带的研究，可以认为就华北而言，与梯度带对应的深断裂系的主体部位及近期活动中心处在太行山前及其南延线上，大致在中牟与开封之间过黄河，与小浪底枢纽之间有近170km的距离。因此，认为将小浪底地区的地震烈度定为Ⅲ度是恰当的。这一结论在召开的《小浪底可行性审查会》上得到承认，并已写入纪要，从而使小浪底枢纽规划方面多年没有定论的这一重大问题得到了解决，最终被有关设计、施工部门采用。

四、遥感技术在北江飞来峡水利枢纽区域稳定性评价中的应用

飞来峡水利枢纽位于珠江流域第二大水系北江干流的中游地段，地理位置在广东清远市境内选定的升平坝址，上距英德县城约50km，下距清远市约33km。谁利部珠江水利委员会在以往地质工作的基础上，利用遥感技术对该枢纽区域稳定性进行了评价。工作中采用的遥感图像包括1∶50万陆地卫星MSS图像和1∶540万的NOAA卫星图像，部分地区应用了1∶5万TM假彩色合成图像以及大比例全色黑白航片和彩色红外片。

通过遥感图像判释判明了一些地层和构造问题。如研究区西北部的三叠系上统小坪群与石炭系下统大塘阶石橙子段接触部位，原1∶5万地质图有一处误将三叠系上统小坪群划为石炭系下统大塘阶石橙子段，通过遥感图像判释发现两者影像相似，后将错划的石橙子段改为小坪群；又如原正式出版的广东省1∶50万地质图中将西牛墟东侧的三叠系上统小坪群误判为泥

盆系上统天子岭组，通过遥感判释做了更正，并经野外验证属实。遥感图像对构造判释具有独特的效果，如在1∶5万TM图像上判释出300余条断裂，约为原1∶5万和1∶20万常规地面测绘发现的84条的3.5倍。在这些判释出的300余条断裂中，有81条与原图基本吻合，对其余200余条遥感判释的断层抽查了53条，其中证实存在者51条。在原图上标示的断裂中，有3条在遥感图像上无显示。遥感判释中还发现了区域性的NW向剪切节理带和东部龙蟠—龙山一带的NE向挤压构造带。

遥感判释结果表明，组成本区基本构造格架的构造体系主要为纬向构造带和新华夏系。从遥感图像还可以清楚地看出，前人所提到的"北江断裂"仅在英德以北及清远以南发育，应属新华夏系（或广义"郯庐断裂带"），而在英德—清远的广阔地段，其构造形迹并不发育。

五、遥感在二滩水电站区域地质构造稳定性评价中的应用

位于雅砻江下游的二滩水电站地区地质构造复杂，地震频繁，且地势陡峻。山高谷深，植被发育，给野外地质调查带来极大困难，中国科学院曾在该区利用航空遥感和陆地卫星图像进行过地质调查，提供给有关部门利用。工作中利用彩色红外片和计算机处理的陆地卫星图像开展地层岩性和地质构造判释，并参考已有地质图件，编制出区域地质构造图。在陆地卫星图像上，醒目、粗大的线形体常是大型断裂的显示，切错河流并做同步弯曲的线形构造表明在第四纪期间断裂有水平位错。根据假彩色卫星图像上线形切错和岩层位错、弯曲现象，结合已有地质图件和野外考察，在判释图上区分出断裂类型，这样更便于应用和分析。经过卫星影像判释的断裂构造图基本上显示出全区大中型断裂，并全面反映出区域断裂概貌，还可将因植被、地形影响，地面无法查明而划分为断续的断裂连接起来。

（一）区域构造格架

在假彩色和卷积处理的卫星图像上显示出5组线形构造，反映出全区的断裂格局。

利用航空彩色红外片定出褶皱和地质体界线，并参照已有的地质图件定出岩浆岩类型和地层年代，可以编制出较准确的地质构造图。此外，卫星

影像还可以判释出大型的滑坡和崩塌等灾害地质现象。在区域构造研究中，利用卫星影像判释大型断裂效果最佳，例如，树河断裂切错 NE 和 NNE 走向断裂，并呈右行雁列，左旋平移，其第四纪活动使得雅砻江、安宁河河道发生弯曲，等等。

(二) 构造体系与区域地壳稳定性分析

根据遥感图像所判释的断裂展布、力学类型及其切错关系，结合野外考察，提出对区域构造体系或型式的认识。区域西北部的锦屏山断裂是向南凸出的弧形逆断层或逆掩断层，金河—籍河断裂是 NE ~ NNE 走向的 S 型逆断层，局部为逆掩断层。磨盘山、安宁河断裂走向由 NNE 至近 SN。上述主要断裂在平面上组成断裂束，向东南弯曲。西昌—德昌间上述断裂间距最小，德昌以南撒开。切错上述主要断裂的次要断裂以 NW 方向最发育，它们是张扭性断裂，在弧形断裂最大弯曲处，该组断裂最显著，如树河断裂。其他的还有 NW 向弧形平错断裂，如西番田断裂等。除此之外，还有 NE 和近 EW 走向的剪切性断裂，在这些断裂之间有较完整的地块，如盐源、盐边—共和断块等。

从断裂力学类型、展布和切错关系可以看出，本区构造形式为一个帚状构造。它的主要成分为压性及压扭性断裂，旋卷核心在盐源地块，东部以安宁河断裂为界。在这一帚状构造中还包括一些小型 (次一级) 的旋卷构造，如盐源山字型、共和旋卷构造等。据断裂所切错的地层，此帚状构造形成于晚三叠世之后，有可能是燕山早期形成。

德昌—冕宁段断裂密度大，为此帚状构造应力最集中部位，地壳破碎，弧形断裂最大弯曲部位应力较高。所以，这两类地区第四纪构造形变和现代地壳活动性大，地震频繁、剧烈。应力集中段的冕宁—德昌是本区地震最活动地区，木里、盐源西及箐河也是地震活动地段。大型断裂之间的地块因其地壳较完整，断裂不发育，缺乏应力集中地段，在现代构造应力场的作用下，断裂活动性小，地震微弱，如盐源地块东部、盐边—共和断块、安宁河以东地区等。二滩坝址位于金管、昔格达和攀枝花断裂之间的盐边—共和断块的东半部，地壳完整性较好，即属于上述相对稳定地块区，修建高坝是适宜的。

六、卫星图像在鲁布革、天生桥等大型水电站区域构造判释中的应用

卫星图像能准确、客观、全面地反映地表的地质概况，它所提供的信息可用于揭示包括地质构造在内的各种地质现象。下面就陆地卫星图像在云南鲁布革、天生桥、小湾、漫湾等大型水电站区域构造判释中的应用简单介绍如下：

(一) 鲁布革、天生桥水电站

鲁布革、天生桥水电站分别位于滇、黔、桂交界的黄泥河和南盘江下游（红水河）河段，构造形迹错综复杂，但在卫星图像中不同岩性分明，构造形迹清晰，形式突出，展现出一幅既有成生联系，又有规律的图像，从而为正确划分构造体系、解决区域稳定性评价问题提供了依据。

1. 地层的影像特征

在卫星图像上，中三叠统相变线以极为醒目的岩性色调界面出现，深色调且具有花生壳花纹的为北相区碳酸盐岩地区；浅色调且具有细短线波状和细栅状花纹的属南相区，以碎屑岩地层为主，但其中又呈现深色调花生壳花纹影像，两种岩性色调和花纹明显差异，为判释褶皱提供了良好的标志。

2. 区域构造体系的影像

（1）东西向构造带。线形、带状影像较明显，主要由规模较大的断裂和褶皱组成，属南岭纬向构造体系的西延部分。褶皱多属长轴褶曲，断裂显示清晰，具有浅灰色调和色调界面，构造形迹延伸较长，呈舒缓波状，并且有低序级构造，反映了经历过强烈的挤压和顺扭特点。

（2）南北向构造带。展布在营上、罗平和贞丰、龙广一带，呈线形影像，具舒缓波状，反映断裂为压性。罗平穹状构造带的主干断裂和伴生断裂均较发育，互相切割，构成菱形构造格局。

（3）山字型东翼。位于测区的西南侧，属云南山字型东翼端的南盘江断裂带和弥勒—师宗断裂带部分，由规模巨大压的扭性断裂组成。根据旁侧构造特征，反映出山字型东翼曾经历过顺扭的改造过程。

（4）NW 向构造带。位于图幅东北角和东南角，前者以浅色线形影像出

现，为垭都—望谟断裂带南段成分；后者属右江断裂带的 NW 端段，线形影像极为明显，从隆林向东南出图经邻像幅的田林、百色、田阳、田东、平果至隆安，长达 350 余公里，呈 NWW 向展布，构造形迹具微舒缓波状，属压扭性。在林蓬地区的影像反映右江断裂造成右江支流同向弯曲，推测该断裂从中更新世以来，左旋平移 800～1000m。右江断裂不但控制了右江的发育，而且控制了百色、隆安一带第三纪断陷盆地的沉积，并在田阳—田东一带切断了第四纪沉积物，这些都说明右江断裂带具有明显的近代活动性。

（5）新华夏系。以浅色调的线形影像为特征，断裂极为发育，断续斜贯全区，为区内的骨架构造。构造形迹自西而东，方向由 NNE 渐偏 NE，呈平行等距排列，并具有分带性，从北向南大体可分为晴隆、兴仁、安龙和岩茶 4 个断裂带其中，除岩茶外，各带相距约 20km，单条断层延伸较长，局部微弯曲，沿主干断裂两侧出现与之平行的次级断裂和分支构造。据错移方向和旁侧构造所示，既有反扭，又明显表现近期顺扭的特点，说明该构造体系的断裂经历过序次转化和后期被改造的过程。从断裂切断其他构造和对现今地貌类型的分布所起的控制作用，以及切断河流阶地等，反映了新华夏系是较新的活动性构造。

（6）黄泥河涡轮状构造。在西林幅陆地卫星图像冬季和夏季图像上显示出 6 条醒目的弧形构造带。特点是构造形迹的一端向同一中心收敛，另一端向外撒开，呈协调的同步弯曲，并在 6 条弧形构造带的收敛地区显示出一个较大的椭圆形隐伏地块。若以该隐伏地块为砥柱，6 条弧形带为旋回构造带，则属砥柱逆时针，旋回构造带外旋顺时针的压扭性涡轮状构造。6 条旋回构造带依次是腊甲、雄武、兴义、龙广、雨樟、乐民。其中雄武旋回构造带为鲁布革水电站的控制性构造。通过地质调查，组成旋回构造带的褶曲和主干断裂均属压扭性，其中背斜表现为外旋方向缓，内旋方向陡，这与卫星图像判释的力学性质完全一致。至于构造形迹的排列组合，则是某种特定方式的构造运动产生的特定构造型式。判释人员认为，该涡轮状构造属派生构造，其形成与以下构造带的活动有着成生联系：它的东侧 NW 向区域性断裂带，规模巨大，在南北向水平挤压力的作用下，表现为顺扭，使砥柱逆时针，形成压扭性旋卷构造；它的西侧 NE 向（云南山字型东翼和新华夏系）断裂带和南侧 EW 向断裂带在东西向水平力的作用下，同样表现为顺扭，形成砥柱逆时针的压扭性旋卷构造。这3条不同方向的巨大构造带对隐伏地块(砥柱)的长期作用,使上部地层围绕砥柱产生旋扭,从而形成了现今的黄泥河涡轮状构造。

3. 区域地壳稳定性分析及评价

根据本区区域地质构造条件,对以上两个水电站区域稳定性分析如下:

(1)通过地震地质调查,证实新华夏系和NW向构造带既是活动性构造,又是发震构造,其地震活动特点是频度低,强度不大,震中主要集中在远离电站的晴隆、兴仁和东南角外围地区。

(2)邻区地震,如西部外围最强烈的小江地震带,由于距离远,烈度逐步衰减,对鲁布革地区无破坏性影响,对天生桥地区影响更小;东南角及外围的右江断裂属中强地震活动带,也由于震中距离较远,对电站区的影响很小。

(3)根据本区地质构造、地震活动特点、断裂活动的差异、介质条件等,区域地壳稳定性等特点区划如下:

晴隆—罗平不稳定地区。本区处在新华夏系活动断裂带与云南山字型东翼和南北向断裂的复合部位。地震活动明显,震级较大,孕有5.5级地震的危险性。

关岭—兴仁次稳定地区。本区为NE向构造所控制,并与NW、EW向构造复合,地震活动频繁,存在发生5级地震的可能性。

稳定地区。本区虽有新华夏活动性构造成分存在,但介质条件以柔性地层为主,蓄能条件差,历史记载地震活动较弱,属宁静地区。

(4)区域稳定性评价。综上所述,通过卫星图像判释发现了黄泥河涡轮状构造,得知鲁布革、天生桥水电站均处在相对稳定地区,邻区地震影响也小,因此区域稳定性较好。这一结论已为地震烈度鉴定所证实。如果按照以往的区域构造资料分析,就将做出完全相反的结论。

(二)小湾、漫湾水电站

小湾、漫湾水电站位于澜沧江中游大拐弯附近河段,其南面的NE向活动性南汀河断裂由于被覆盖层覆盖,在云县附近的迹象不清。故此,进行了区域构造卫星图像判释,发现南汀河断裂的东北端已延至茂兰以北附近,为小湾、漫湾水电站区域稳定性评价提供了重要资料,即两水电站处在多构造体系复合部位，并存在发震断裂，区域稳定性较差。判释者认为，原来将本区地震烈度划为Ⅴ度区似嫌偏低，后通过专门地震烈度鉴定，将电站改为Ⅲ度地区，并提出南汀河断裂东北端的迁就弧内侧孕有发生6级地震的可能性。这又一次证明应用卫星图像判释构造成果来分析研究水电工程区域稳定性所得出的结论是正确的。

由于卫星图像能真实反映地表各种现象的全貌，能整体显示出区域地质构造特征，并且能反映用常规地质调查方法难以解决的隐伏构造，因而利用卫星图像研究水电工程区域地质构造、评价水电站的区域地壳稳定性具有效率高、野外工作量少、经济效益显著的优点。通过以上水电站区域构造卫星图像判释，在滇、黔毗邻地区发现了涡轮状构造，查出滇西云县以北活动性南汀河断裂的东北端的具体位置，为鲁布革、天生桥和小湾漫湾水电站的区域地壳稳定性评价提供了重要资料。

七、西藏藏嘎电站区域稳定性研究中遥感技术的应用

工程地区地处青藏高原隆起区，是印度板块和欧亚板块的碰撞结合部位，大地构造位置属冈底斯—印度板块北缘之冈底斯微板块，雅鲁藏布江微板块结合带，区域地质构造复杂，断裂发育且规模大，新构造运动及现今构造活动强烈，岩浆活动频繁，地震活动强度大、频度高。该地区历来受中外地质学家关注，但受自然、经济、地理条件的限制，区内地质工作起步相对较晚，且研究程度参差不齐（相当部分的工作区还是中比例尺度地质研究的空白区）。在本次研究工作中，主要应用覆盖该区的TM、ETM遥感数据，经数据融合和线性增强后，判释出该区的断裂构造，经野外复核后，再结合搜集的研究区内1∶100万地质图、少量的1∶20万地质图和有关区域构造、断裂活动研究资料，对该区区域构造格架和构造分区进行了研究，编制出了工作区1∶50万区域构造格架图和构造分区图，并结合区域内历史地震情况，对区域的地震安全性做出了评价，具体应用情况如下：

（一）大地构造格架

区内断裂多为近东西向，根据提取研究区内宏观地质构造信息并结合研究区内的地层信息，编制出研究区150km范围内1∶50万大地构造格架

图。东西向断裂很多且多为切割地壳断裂或地壳断裂，野外复核中可以看到这些断裂自形成以来经多期活动而留下的构造痕迹，取样测年结果反映断裂在燕山期、喜山期的活动特别强烈，控制岩浆侵入活动，活动历史长，晚更新世以来活动明显，现今亦有一定活动性。与近东西向压性断裂相伴生的还有近南北向断裂、北东向断裂、北西向断裂，这些断裂规模一般较小，但活动性较强，多控制新生代断陷盆地分布。

区内的褶皱轴面也多是东西向的，区域内存在逆冲断层、片理化等压性结构面，同时伴随着南北向的张性破裂面、北东向的扭性结构面，以及北西向和北西西向的压性结构面，尽管它们形态、方位、规模、性质不同，但表现了同一应力作用方式，形成了一种十分醒目的东西向构造带。

(二) 大地构造分区

在搜集诸多地质学家对青藏高原的大地构造及其演化研究资料的基础上，根据区域构造格架图，结合有关地层、侵入岩、火山岩、变质岩及构造变形方面的资料分析，编制出研究区 150km 范围内 1∶50 万大地构造分区图，将全区划分出三个一级构造单元、十一个二级构造单元。工程场区位于印度河—雅鲁藏布江结合带，北与拉达克—冈底斯—拉萨—腾冲陆块相邻，二级构造单元为蛇绿岩混杂岩带。

(三) 地震安全性评价

从历史强震的空间分布来看，该区域内强震多相对集中，呈带状沿东西向断裂分布。区内震源深度在东西方向上由东向西由深变浅再变深，在南北方向上由南向北由浅变深再变浅，说明浅源地震主要分布在区内最南、最北两端靠中间部分，地震震源深度绝大多数分布于 0~33km 范围内，平均震源深度约 28.1km，均属于陆内浅源地震。

将研究区内地震记录通过地理信息技术 (GIS) 转入地质图并结合构造展布，可以看出：工程场地处于近东西向的嘉黎—波密—察隅断裂带 (F1)、错高断裂带 (F2)、墨竹工卡断裂组 (F3)、明主则日—沃卡—崔久断裂带 (F4) 以南；雅鲁藏布江断裂带 (F5)，郎杰学—甲木断裂带 (F6)—邛多江—南迦巴瓦峰断裂带 (F7)、浪卡子—隆子断裂带 (F8)，洛扎—觉拉—加玉断裂带（F9）以北；近南北向的泽当—错那断层组（F10）以西。其中F1与F11交会处、F4和FS与F10交会处、F9沿线历史上多次发生强震，工程场地受其历史强震的影响是主要的，估计最大影响烈度为Ⅶ度；受F6与F7之间的地震影响次之，估计历史地震的最大影响烈度为Ⅴ度。研究区范围内还有F沿线、F12与F13之间的地震，因距场地太远，其历史地震对场地的影响估计小于Ⅴ度。

从场地近场区地震记录和地震分布来看，近场区内共计有 M ≥ 4.7 地震1次，归属于雅鲁藏布江断裂带内强震，估计最大影响均为Ⅴ度。仪测小地震主要展布于近场区北东部，为近南北向的泽当—错那断层组（F10）内的小震活动。综上所述，场地受明主则日—沃卡—崔久断裂带（F4）、雅鲁藏布江缝合带（F5S）和郎杰学—甲木断裂带（F6）与泽当—错那断层组（F10）交会带附近的地震影响是主要的。

八、乌东德电站区域稳定性研究中遥感技术的应用

乌东德水利枢纽是金沙江上攀枝花—宜宾河段最上游的一个梯级，金沙江左岸为四川省，右岸为云南省。应用TM、ETM卫元数据，经正射校正、融合处理、线性增强处理、数据镶嵌后，得到研究区150km范围的遥感图像。

对影像中线性信息的提取得出研究区的断裂构造遥感判释图，结合前人研究资料和历史地震资料，编制研究区裂构造展布和破碎性地震分布图，图中乌东德水库及周缘区域断裂构造的展布总体以川滇SN向构造带为主，伴有NW、NE及EW向断裂构造。属南北向构造带的主要断裂有磨盘山—绿汁江断裂、安宁河断裂、汤郎—易门断裂、会东—皎西断裂带、德干断裂、普渡河断裂，属北西向构造带的主要断裂有会东断裂、老坪子断裂及则木河断裂，属北东向构造带主要有宁南—会理断裂、菜园子—麻塘断裂。属东西向构造带主要为顺金沙江河谷展布的落雪—通安断裂。

野外校核时发现区内主要断裂的新构造活动表现为断陷、差异升降与水平走滑。康滇菱形断块边界上断裂带的断陷盆地普遍发育有厚几百米以至千余米的第四纪沉积物，断裂的晚第四纪活动又使这些沉积层发生褶皱与错断，如小江断裂带上呈串珠状发育的断陷盆地中，新沉积物普通强烈变

形、断层屡见不鲜；则木河断裂上的邛海、宁南等断陷盆地见有晚更新统—全新统的断层发育；安宁河断裂带北段高山堡见昔格达组直接逆冲在Ⅱ级河谷阶地的冲积层之上；康滇菱形断块内部的几条断裂也有清楚的新构造活动表现。如磨盘山—绿汁江断裂带上，在昔格达—红格盆地中的昔格达组地层中，普遍发育次级断裂与褶皱束；鱼鲊附近的金沙江Ⅲ级阶地上，晚更新世沉积层发育有新断层；元谋盆地下更新统褶皱变形，地层倾角达40°~50°；普渡河断裂南段的玉溪盆地西南缘，上第三系砂质黏土岩发育 NNE 向逆断层，等等。

区内历史地震考察资料表明，7级以上地震往往伴生一定规模的地震断层或地震破裂带，与先存断裂展布、活动性质及活动方式有较好的一致性，为先存断裂最新活动的直接证据。

根据断裂切割深度不同，编制研究区大地构造分区图，研究区从区域上看，大部分属扬子准地台，仅西北、西南和东南三个边角地区分属松潘—甘孜地槽褶皱系、三江地槽褶皱系和华南地槽褶皱系；工程场地位于扬子准地台二级构造单元川滇台背斜。

九、伊江上游其培电站区域稳定性研究中遥感技术的应用

研究区域地处缅甸东北部、中国云南省西部和西藏自治区西南部，基础地质研究薄弱，另外，研究区山高林密，植被覆盖非常好，通视条件差，地表几乎没有地质露头，工作区人烟稀少，没有道路通行，给常规的地质方法在吃、住、行及野外工作方面带来非常大的困难。应用遥感技术对研究区 mSS、TM、ETM 遥感影像进行比值，假彩色、彩色浮雕、黑白浮雕等处理可使影像的线性信息非常清晰，明显反映出断裂的线性信息多呈直线状延伸，明显切割各种现代地形、地貌。结合外围地区的路线调查及重点地区的校核、测绘，完成了研究区 9 万 km^2 的工程地质遥感解译工作，理顺了研究区的构造格架，为区域稳定性研究打下了很好的基础。具体成果如下：

(一) 提取遥感信息，解译出研究区的断裂

在区域内主要有达机翁—彭错林—郭县断裂 (F2) 措勤—嘉黎断裂 (F3)、恩梅开江断裂 (F4)、实皆断裂 (F5)、因道支湖断裂 (F6)、怒江断裂 (F9)。

现场工作中发现在坝址附近顺江走向的恩梅开江断裂（F4）两侧地层岩性完全不同，岩层产状也相反，断裂沿线有带状或串珠状酸性岩浆岩分布，局部地段有少量的中性和基性岩浆岩分布，这符合基底断裂特征，因此认为恩梅开江断裂（F4）为基底断裂。

(二) 理顺了各断裂的归属关系，建立了研究区的构造格架

达机翁—彭错林—郭县断裂（F2）在由 EW 走向转为 NS 走向后，分为东、西两个分支，其中东边分支交会于措勤—嘉黎断裂（F3）的西边分支。

措勤—嘉黎断裂（F3）由 EW 走向转为 NS 走向后，分为东、西两个分支，恩梅开江断裂（F4）是其东分支，向南交会于措勤—嘉黎断裂（F3）。措勤—嘉黎断裂（F3）最终止于八莫附近。

实皆断裂（F5）是调接印度板块东侧与欧亚板块滇西南之间右旋走滑运动的大陆转换断层，工作区内 SE 走向的断裂多终止于实皆断裂（F_5）。

十、柬埔寨达岱电站区域稳定性研究中遥感技术的应用

达岱河流域位于柬埔寨西南部国公省，向东注入泰国湾。热带季风气候，雨水充足，植被茂密。当地的水文、地质、地震研究程度比较低，为电站区域稳定性研究带来了很大困难。为了解决这个问题，我们应用 TM、ETM 遥感卫星影像，经波段差、波段和、波段比值、主成分分析、线性增强、假彩色合成，黑白浮雕等遥感方法处理，强化和突出显示影像中的线性信息、地层信息、岩石信息，取得成果如下：

(一) 研究区内交通情况

柬埔寨经多年战争，人口少且多聚居在城市，经济不发达，各基础设施薄弱。研究区地处柬埔寨西南热带雨林地区，连较详细的交通资料也没有。应用 ETM 卫元数据，提取道路信息，结合地理信息系统（GIS），制作了研究区的交通图，为工程的进一步开展提供了方便。

(二) 研究区内地层分布情况

研究区为侏罗系地层，软硬砂岩互层且地层产状较缓，软砂岩风化剥

蚀后留下硬砂岩形成陡坎，经遥感方法处理后，在遥感上留下清晰的边界，结合野外实际工作得到的地层分界点，得到研究区内较为准确的地层分布成果。

(三) 研究区内火山口、玄武岩分布情况

在 ETM 遥感影像上可清晰地看到火山口和玄武岩与侏罗系砂岩在影像上的差异，据此圈定了两个火山口，玄武岩的分布范围在野外工作中已得到验证。

(四) 研究区断裂构造判释图

研究区位于国公—奥拉山宽缓背斜的北西翼，地层缓倾，构造简单。

根据线性影像，判释出研究区断裂构造判释图，在野外校核中，在近场区 15km 范围内调查发现这些线性影像是卸荷裂隙或因岩层差异风化形成的陡坎造成的；在河道两侧判释断裂通过的地方岩层完整，没有发现判释断裂错断岩层的情况。这也说明研究区断裂不发育。

第三节　遥感技术在水利水电工程坝址选择中的应用

一、清江招徕河河段坝址选择中的应用

清江招徕河河段是清江水利资源开发的重要梯级。按清江流域规划，正常高水位 420m，回水至恩施市，其下与隔河岩水库衔接。该河段坝址选择的地质工作于 1958 年开始进行过部分地段 1：10 万工程地质测绘，因地形地质条件复杂，在历次勘测中，在长达 30km 河段内选择了 6 个比较坝址。

长江水利委员会综合勘测局、水利部长江勘测技术研究所根据清江流域规划的要求，对该河段进行 1：5 万工程地质测绘，从地质条件，论证 6 个比较坝址建高坝的可能性，并推荐出今后进一步勘测的坝址。此段地处鄂西中高山区，山高崖陡，河谷深切，滩多流急，水路不通航，亦无公路相通，交通十分不便，采用常规的地质工作方法难度很大，无法在短期内完成此项勘测任务，因此，确定利用已有的大比例航空像片进行航空遥感地质成

图。此项航空遥感地质工作分为以下两个步骤进行：

首先，建立各种地层、构造、岩溶、水文地质点等的判释标志，然后开展 1∶1.5 万航片地质判释，同时实测各坝址地层剖面。仅一个多月就完成了 1∶5 万的工程地质成图 850km²，并提出《清江招徕河河段航空像片工程地质解译报告（中间性成果）》。其次，依据航片地质判释成果，针对区内岩溶水文地质和工程地质问题，将河谷和外围地区分为 4 个不同的勘测重点，每个勘测重点组织一个地质小组进行一个月的实地校核和补充地质测绘。

在河谷地区，重点研究高程 400m 以下地段内各坝址区的水文工程地质问题，采用 1∶5 万或 1∶1 万地形图进行地质填图。在外围地区，采用路线调查方法，重点校核航片判释有疑义的重要地质界线、主要构造线，并调查岩溶发育特征等。通过以上工作，对招徕河河段 6 个比较坝址的主要水文工程地质问题有了比较系统的了解，并提出《清江招徕河河段 1∶5 万综合工程地质报告》，以及综合工程地质图、岩溶水文地质图和各坝址地质剖面图、地层柱状图等一系列图件，满足了规划阶段的需要。同时，明确提出水布垭和另一坝址具备建高坝的地形、地质和水库封闭条件，推荐为进一步勘测的坝址。后经可行性研究，确定水布垭坝址为采用方案。

二、在清江高坝洲水利枢纽坝址选择中的应用

高坝洲水利枢纽是清江开发的最下游梯级，坝址为寒武系灰岩，软弱夹层较多，断裂比较发育，岩溶类型多样，并形成了多个系统，左岸还有多处岩溶崩塌角砾岩。为了更全面地获取地质信息来进行优化坝址选择，在上坝址区域选定了三条潜在的坝线，并随后开展了航空遥感调查。以下是该调查的具体应用情况。

（一）遥感提供了丰富的地质信息

遥感图像上断层、裂隙显示得极为清楚，可以根据影像直接成图，一些延伸较长的裂隙中长满了杂草灌木，据条带状的色调则可判释出来。此外，岩溶地貌（落水洞、溶蚀洼地等），泉露头位置均清晰可辨。地层中的泥质含量高的隔水层（页岩、泥灰岩等），根据其地貌形态，可间接判释出来。

(二) 坝址选择

在碳酸盐岩区选坝址，水文地质条件极为重要，尤其重要的是弄清其岩溶系统，从泉水露头及其高程分析，右岸有两个岩溶暗河系统，一个出口在洞沐浴沟口清江中，一个在泉水湾毛家沱一带，泉水露头高程 57~64m，故分析其间有地下水分水岭存在，由于设计蓄水位为 79m，地下分水岭高程尤为重要，它决定着需要了解防库水外渗可能性以及防渗深度；左岸明显有一岩溶系统，其出口在下坝址的下游城池口 (高程 41.23m)，但其间有相对隔水层存在，不与库内发生联系。从水库渗漏来看，上下坝址没有太大差别。

遥感图像显示，下坝址断裂构造明显比上坝址发育，并形成一些隔离体，尤以靠近下游的下Ⅰ、下Ⅱ线为最，下坝址靠近盆地边缘，还受长江洪水形成的壅水影响，导流工程不易布置，而上坝址可以陆地做纵向围堰，因此选定上坝址。

(三) 坝线选择

选定的上坝址共勘探了 3 条坝线，其工程地质和水文地质均较佳。其中Ⅰ线位于洲头，右岸坝体防渗较好，虽然左岸岸坡较陡，但岩溶崩塌角砾岩较少，经综合考虑，仍不失为较好的坝线。

三、在皂市水利枢纽坝址选择中的应用

皂市水利枢纽位于湖南省石门县皂市镇上游 2km 处，下距石门县城 13km，控制流域面积 3000km²，占流域面积的 98.7%。正常蓄水位 140m，最大坝高 82m，总库容 14.4 亿立方米。

武汉水电设计院、长江流域规划办公室 (今水利部长江水利委员会，以下简称"长江委")、湖南省水利水电设计院等单位先后开展了部分勘测工作，长江委对该枢纽进行可行性研究和初步设计阶段的勘测工作。长勘所遥感室应用航摄的 1:1.5 万左右的航片开展了上自彭家河、下至石门县钢铁厂长约 20km 河段、面积 70km² 的坝址可研阶段 1:1 万工程地质调查，目的是了解坝区工程地质条件，查明 3 个坝址存在的主要工程地质问题，并为

初设阶段推荐工程地质条件相对优越的坝址。

初步分析坝址区1∶20万区域地质资料认为，坝址区出露的志留系、泥盆系、二叠系、三叠系及第四系地层之间岩性差异较大，航片上影像差异明显，构造影像清晰，说明利用遥感技术开展工程地质调查是本次工作的最佳技术手段和方法。为此，在搜集本区1∶8000航片和野外实地勘测，建立影像判释标志的基础上，对全区70余平方公里范围内地形地貌、地层岩性、地质构造、岩溶、崩塌，滑坡等的情况以及第四系成因类型、分布等进行了全面的遥感判释，并在野外校核后进一步补充完善，编制了坝址区1∶1万综合工程地质图，取得了以下主要成果和新的认识：

（1）否定了1984年1∶20万区域地质图上离林家屋场坝址和皂市坝址分别不足1km和2km、长达30余公里的NW向"袁公渡断裂"，为坝区地壳稳定性评价提供了有力的佐证。航片判释时发现该处发育一条非常清晰的东西向线形影像带，由于处于NW向礅厂背斜翼部，有可能是纵向逆冲断裂，但研究人员分析认为应为三叠系嘉陵江组灰岩和巴东组砂页岩接触带间岩性差异引起的线形异常，并非断裂带，后为野外核对所证实。

（2）林家屋场坝址两岸对称，呈左缓右陡的不对称横向谷，坝基岩体为三叠系大冶组，嘉陵江组灰岩、白云岩，该地层岩溶发育，上、下游无明显的隔水层分布，发育2条大于2km的纵向断层，工程地质条件复杂，防渗难度大。

（3）皂市坝址为较对称的横向"U"字形谷，两岸山体雄厚，坝基岩体为泥盆系云台观组石英砂岩夹少量页岩、粉砂岩，倾向上游，无较大规模断层，但坝址存在软弱夹层及坝下游右岸480m处发育体积约20万立方米的邓家咀滑坡等工程地质问题。

（4）大寺湾坝址坝基岩层同皂市坝址，但倾向下游，两岸为不对称横向谷且右岸山体单薄，断层发育，规模相对较大，软弱夹层也多于皂市坝址，右岸为坡积覆盖。

根据上述情况认为坝区地壳稳定，皂市坝址工程地质条件优于林家屋场坝址和大寺湾坝址，推荐皂市坝址。

本次遥感技术应用取得了显著效果，其经济效益是明显的。技术人员仅用两个月时间便完成了70余平方公里的1∶1万工程地质调查，耗费的时间、人力和经费均不及常规地质调查的1/3，且成果的精度、质量均高于常规方法，同时说明在岩性差异较大的地区开展地质勘测工作应充分应用遥感这一先进技术手段，在水电行业中采用合适的遥感技术完全可以满足在工程初设阶段的精度要求，并且可达到事半功倍的效果。

四、在金沙江虎跳峡水利枢纽坝址选择中的应用

金沙江虎跳峡水利枢纽位于金沙江干流上、中段之间，行政属于云南省迪庆藏族自治州和丽江纳西族自治州。著名的虎跳峡在长仅17km的河段内落差达210m，纵比降高达12.5%，水能资源非常丰富。早在20世纪60年代，水利部长江水利委员会就在此开展过规划阶段的地勘工作，初步确定了上峡口筑坝引水至下峡口发电的开发方案，后来由于种种原因而未能进一步工作。

20世纪90年代，长江委对其重新进行规划，工程的规模较20世纪60年代要大得多，初步设计正常蓄水位2000m，总库容达368亿立方米，防洪库容和调节库容分别为40亿立方米和111亿立方米。从上游至下游初步推荐了其宗、礼都、金龙、石鼓、达落、齐平、兴文、龙蟠、下桥头、虎跳峡上峡口及下峡口11个较为有利的坝址。

由于该地区属偏远地区，工作条件极差，除1∶20万区域地质资料外，无其他地质资料可资利用。为适应工程规划和建设的需要，长勘所遥感室于1995年利用1981年和1987年航摄的1∶4万航片，对该河段上自其宗，下至大具全长约170km、面积3500km² 的沿江两岸开展了地形、地貌、地层岩性、地质构造及其活动性、岩溶、物理地质现象及其稳态、第四纪地质，建筑材料、土地资源及其利用现状，移民容量，以及水土流失和治理现状等与工程坝址选择息息相关的专项遥感调查，以期为该枢纽坝址的确定提供科学的决策依据。通过遥感研究和调查，完成了上述地区1∶5万地形地貌图、工程地质图、构造图、第四系地质图、水土流失现状图、建筑材料产地分布图、1∶1万土地利用现状及移民环境容量分布图等。在此基础上，1994年下半年利用上述遥感成果进行现场核对、勘测，发现金龙、齐平、达落、兴文、龙蟠、下桥头6个坝址由于存在明显地质问题，进一步遴选出其宗礼都、石鼓、虎跳峡上峡口、下峡口5个工程地质条件相对较优越的坝址，作

为本规划阶段下一步工作重点开展研究，其中由于其宗坝址影响上一梯级的开发，未做深入工作。

对礼都坝址区、虎跳峡上、下峡口坝址区等的1：2万航片分别进行了光学图像处理、计算机数字图像处理，通过目视判释和人机交互判释，提取了各坝址区详细的地层、岩性（尤其软弱岩层和岩溶层组）、地质构造、岩溶类型及发育程度，崩塌、滑坡和泥石流的稳定性，第四纪地质及成因类型等信息，结合野外现场核对及有关调查资料，编制了1：1万礼都—石鼓坝址区工程地质综合图（70km^2）、虎跳峡上峡口坝址区综合工程地质图（12km^2）和虎跳峡下峡口坝址区工程地质图（7km^2）。特别值得一提的是，由于虎跳峡峡区右岸基本上为高达数千米近乎直立的岸坡，无论常规方法还是常规遥感手段都难以获取准确、可靠的遥感资料和地质资料，为此，采用近景摄影遥感技术获取摄影图像，经过计算机图像处理，同样提取了上述相关的地质信息，并将研究成果综合于上、下峡口坝址工程地质图中。该技术的应用不仅为上、下峡口坝址工程地质调查提供先进、可靠的技术和高精度的地质成果，而且通过工程实践证明其在西南高山峡谷区高、陡自然边坡的地质勘测和工程施工期的高陡人工边坡的地质编录工作中有独特技术优势和广阔的应用前景。

本项目的遥感调查研究有以下几点新发现：

（1）礼都坝址发育泥盆系大理岩、结晶灰岩夹石英、绿泥石片岩，两岸岸坡为斜向岸坡，岩溶不发育，地层倾向上游，于大坝有利。然而右岸发育一规模较大的纵向线形影像带，在坝下游为宽广的阶地所覆盖，但在航片上未发现阶地上有线形异常，初步认为全新世以来该断裂未曾活动过，后经野外调查证实不属于工程活动断裂。但该断层破碎带宽达数十至百余米，且胶结较差，导水性好，具备沟通库水向坝下游渗漏的天然途径，坝址防渗处理难度大。

（2）石鼓坝址地质条件相对优越。该坝址区出露泥盆系大理岩、结晶灰岩夹石英片岩、绿泥石片岩。两岸为反倾纵向岸坡，岸坡稳定，无崩塌、滑坡体发育，岩溶甚不发育，且规模小，2000m以上有不透水的石英片岩作为防渗依托。尤其据1：20万区域地质资料，在右岸离坝址不足2km处有区域性纵向拖顶—开文断裂通过，对坝址不利。遥感资料判释时，发现在泥盆系、石炭系地层间的确存在较明显的 SN 向线形影像带，但认为很可能是由于石炭系底部软弱片岩与泥盆系结晶灰岩之间的岩性差异引起，并非断裂带，后经野外核对证实了上述观点，对该断裂予以否定。

（3）上峡口坝址地形地质条件复杂，出露泥盆系大理岩和不明时代的石英片岩、云母片岩，绿泥石片岩，坝区岩溶不发育，但物理地质现象、断裂相对较发育，云母片岩、绿泥石片岩等软弱岩层广泛分布，邻近展布有活动的区域性龙蟠—乔后断裂和玉龙雪山西麓断裂。

（4）下峡口坝址为泥盆系，石炭系大理岩，仅少量软弱夹层分布，断裂、岩溶不发育，但上游 4～17km 间分别发育体积达 2 亿立方米、0.5 亿立方米和 4 亿立方米的核桃园、本地湾、两家人等崩滑体，水库蓄水后将不利大坝安全，此外，坝址下游 2km 处发育活动性较强的下峡口断层。

据上述判释调查成果，建议舍弃礼都和下峡口两坝址，推荐石鼓坝址和上峡口坝址在可行性研究时开展深入研究。本河段规划及工程规划阶段坝址区、工程地质遥感调查和研究共投入 6 人，分别历时 6 个月和 4 个月，与常规方法相比，节省时间和人力均在一半以上，并节约了大量工作经费，取得了较好的经济效益。尤其采用近景遥感技术解决了常规方法和常规手段难以达到的高陡自然边坡的地质勘测工作，具有较强的推广价值和实用性。

五、在乌东德坝址选择中的应用

在乌东德坝址区的金沙江河段上共选了 6 个比选坝址，因该河段地处川滇中高山区，山高坡陡、河谷深切，再加上坝址区地质、构造情况复杂，所以常规的地质工作方法在该区的工作难度相当大。为了向最优坝址比选提供及时、准确的资料，选用 SPOT 2.5m 分辨率遥感影像，依据建立的各种地层、构造的判释标志，对坝址区的遥感影像进行判释，根据判释成果和坝址区地形情况，对地层界线、构造迹线、水文地质情况进行实地校核及调查，最后根据 DEM 数据建立基于影像的三维地质模型，确定各地质要素的三维位置。

在前人的研究资料中，坝址区由德干断裂系、青草坪断裂、马鹿塘断裂、乌东德断裂组成。经遥感判释和实地校核，在研究成果中明确了德干断裂系在坝址区的主体断裂、青草坪断裂和马鹿塘断裂归属、乌东德断裂存在与否的问题，并对坝址区能决定坝址成立与否的断层如青草坪断裂、马鹿塘断裂、马店断裂、鹿鹤断裂、落雪 - 通安断裂带、热水塘断裂都进行了准确定位，并结合实地测绘、测年数据等对这些断裂进行了定性分析。经长江委三峡勘测研究院（预可研阶段）进行的水库区 1：5 万、1：1 万地质测绘，坝址区 1：2000 地质测绘验证，成果可靠。

具体研究成果如下：

青草坪断裂仅分布于金沙江以南，向北没有穿过金沙江；马鹿塘断层在大凹嘎过江，北端尖灭于三台附近；青草坪断裂和马鹿塘断裂仅被限制于三叠系地层内，未错断三叠系以上更新地层，且不控制华力西期玄武岩分布，其构造演化历史、规模、活动性等与裸佐断裂、马店断层、鹿鹤断裂有较明显的差异。青草坪断裂和马鹿塘断裂只是与德干断裂系走向平行的两条断裂，并不属于同一断裂系统。青草坪断裂、马鹿塘断裂为上新世晚期—中更新世，最新活动年龄等为中更世早期，断层活动方式以黏滑为主。

前人所称"乌东德断裂"，经过现场详查，沿线露头及平洞中地层连续，未见断层迹象，仅在金沙江右岸进场公路边、三台坝址勘探平洞下游约 60m 处 Zbd 地层中见有宽 10 余米的裂隙密集带。高分辨率 SPOT 遥感图像中也未见该处有明显的线性影像，故所谓的"乌东德断裂"并不存在。其在 SPOT 遥感影像上断层经过部位呈现浅色调，根据其十分明显的线性反应，确定其分南、北两支呈左行排列；根据影像上岩层错断情况，确定该断层平面延伸长度约 8km。

热水塘断裂活动年代主要为上新世晚期—中更新世，最新活动年龄为晚更新世，断层活动方式以黏滑为主，兼有稳滑。综上所述，受热水塘断裂的影响，在此断裂穿河或临河段的 3 个坝址被否决。在其余的 3 个坝址中，根据地形、地质、构造等条件，推荐乌东德坝址为优选坝址，经可行性研究，最后确定乌东德坝址为采用坝址。

六、在伊江上游其培坝址选择中的应用

其培电站是伊江上游水电开发中的一个梯级，位于其培市上游约 11km 处恩梅开江干流中游河段上，目前共选有 3 个比选坝址，从上游到下游分别是拉太坝址、芒童坝址、苗木坝坝址。

在预可行性研究阶段的勘察设计工作中，经场地地震安评、坝址区专门构造测绘及坝址勘探发现，在拉太坝址、芒童坝址河床部位偏左侧存在一条基本沿恩梅开江延伸的断裂。为能选择最优坝址，必须弄清该断裂的空间展布和构造特性。鉴于研究区内山高坡陡、植被茂密、岩石露头少等特点，选用 ETM 和 SPOT 遥感影像，应用波段比值、波段算术运算、主成分分析、线性拉伸等遥感处理方法，增强线性信息，提取构造形迹，结合野外校核及坝址区勘探资料，研究了断裂的宏观特征，取得如下成果：

(一) 确定了近场区断裂的归属

近场区内的断裂是区域性断裂—恩梅开江断裂向 WS 方向的延伸部分；恩梅开江断裂是措勤—嘉黎断裂的东分支，全长 500km，经其培向 WS 方向延伸 100km 左右后，又交会于措勤—嘉黎断裂。

(二) 结合镜鉴结果，对近场区通过的恩梅开江断裂进行了分带

在近场区，恩梅开江断裂表现为韧性剪切带，其边界为脆性断裂，从现场钻探揭露的情况来看，这些脆性断裂特性表现出既有压扭性，也有拉张性质，反映了断裂活动的多期次性。

(三) 从宏观判断上研究断裂的活动性

在近场区，恩梅开江两岸的地形地貌基本对称，未见断裂两侧地貌反差强烈，区内罕见上第三系沉积盆地及河流阶地分布，反映出区内的新构造运动以持续隆升为主。恩梅开江断裂穿过溪流段，未见跌水、扭错等新构造运动迹象，断裂沿线少量河流 I ～Ⅲ级阶地及冲、洪积扇中，未见明显断裂迹象，宏观上判断该断裂不是工程活动断层。

综上所述，恩梅开江断裂不是工程活动断裂，对坝址造成较大影响的构造因素是韧性剪切带边缘的脆性断裂；在拉太坝址区有三支脆性断裂，其中两支在恩梅开江中，一支在恩梅开江左岸；在芒童坝址区有两支脆性断裂，其中一支在恩梅开江中，一支在恩梅开江左岸边；在苗木坝坝址区恩梅开江左岸边有一支脆性断裂。从规避工程风险考虑，推荐苗木坝坝址为优选坝址。经可研性阶段研究，最后确定苗木坝坝址为采用坝址。

参考文献

[1] 华北水利水电大学水利水电工程系.水利工程概论 [M].北京：中国水利水电出版社，2020.

[2] 徐青.水利工程一体化管控系统 [M].郑州：黄河水利出版社，2022.

[3] 唐荣桂.水利工程运行系统安全 [M].镇江：江苏大学出版社，2020.

[4] 张宗亮.水利水电工程信息化 BIM 丛书 HydroBIM—EPC 总承包项目管理 [M].北京：中国水利水电出版社，2023.

[5] 高玉琴，方国华.水利工程管理现代化评价研究 [M].北京：中国水利水电出版社，2020.

[6] 刘春艳，郭涛.水库大坝信息化系统的开发与实践 [M].郑州：黄河水利出版社，2021.

[7] 孙祥鹏，廖华春.大型水利工程建设项目管理系统研究与实践 [M].郑州：黄河水利出版社，2019.

[8] 盛金保，厉丹丹，龙智飞，等.水库大坝风险及其评估与管理 [M].南京：河海大学出版社，2019.

[9] 江苏省水利科学研究院.水利工程安全监测概论 [M].长春：吉林科学技术出版社，2020.

[10] 奚立平，朱友聪.水利工程安全监测与养护修理 [M].2 版.郑州：黄河水利出版社，2024.

[11] 张明，李德明，李纪华.水利水电工程施工安全监测与施工安全风险研究 [M].北京：文化发展出版社，2021.

[12] 中国电力企业联合会.水电水利工程水力学安全监测规程 [M].北京：中国电力出版社，2019.

[13] 王重洋．河口近岸悬浮泥沙遥感监测研究 [M]．北京：中国水利水电出版社，2020．

[14] 李新，刘绍民，柳钦火，等．黑河流域生态—水文过程集成研究黑河生态水文遥感试验 [M]．北京：科学出版社，2022．

[15] 刘智勇，董春雨．遥感与智能空间信息技术实习教材 [M]．广州：中山大学出版社，2023．

[16] 索建军．遥感 ET 反演及校验研究 [M]．北京：中国水利水电出版社，2019．

[17] 孙文超，崔兴齐，全钟贤．基于遥感信息的流域水文模型率定研究 [M]．北京：中国水利水电出版社，2021．

[18] 李伶杰，王银堂，王磊之．地面观测卫星遥感数值预报多源降水信息集成及水文应用 [M]．南京：河海大学出版社，2024．